# 儿童友好空间
# 图解设计全书

陈思宇　编著

机械工业出版社

CHINA MACHINE PRESS

本书全面介绍了儿童友好框架下的空间、室内、社区和城市设计。本书分为上下两个篇章。上篇的主题是"享受住进来",即将儿童教育理念和空间联系起来,围绕孩子打造适宜成长的居住环境,并符合儿童需求。下篇的主题是"学会走出去",讨论了如何让孩子从社区和城市获得全面发展的机会,并安全和积极地探索新的空间。

本书通过精彩的插画和轻松的语言,将儿童友好的理念和设计元素相结合,展示了一系列的儿童友好策略。无论是家有孩子的父母,还是相关专业的设计师和规划师,或是对儿童友好感兴趣的相关从业者和大众读者,希望都从这本书里获得一些启发,共同为儿童创造一个更友好的成长环境!

## 图书在版编目(CIP)数据

儿童友好空间图解设计全书/陈思宇编著. —北京:机械工业出版社,2023.5
ISBN 978-7-111-72877-1

Ⅰ.①儿… Ⅱ.①陈… Ⅲ.①儿童—房间—室内装饰设计—图解 Ⅳ.①TU241.049-64

中国国家版本馆CIP数据核字(2023)第052658号

机械工业出版社(北京市百万庄大街22号 邮政编码100037)
策划编辑:李宣敏          责任编辑:李宣敏
责任校对:薄萌钰 王明欣    责任印制:张 博
北京利丰雅高长城印刷有限公司印刷
2023年7月第1版第1次印刷
148mm×210mm·10.5印张·2插页·393千字
标准书号:ISBN 978-7-111-72877-1
定价:89.00元

电话服务                      网络服务
客服电话:010-88361066        机 工 官 网:www.cmpbook.com
        010-88379833        机 工 官 博:weibo.com/cmp1952
        010-68326294        金 书 网:www.golden-book.com
封底无防伪标均为盗版          机工教育服务网:www.cmpedu.com

# 前言

　　1992年联合国儿童基金会纽约会议上首次提出"儿童友好"的概念，旨在创造让儿童有权利享有健康的、被保护的、受到关心的、得到教育的、令人鼓舞的、没有歧视的、有文化氛围的社会环境，并主张把少年儿童的需求和权利放到城市规划政策的核心地位。

　　环境的影响是无形的，就像在图书馆人们会不自觉地低声细语，而在广场上又可以尽情歌唱奔跑。孩子对环境的变化更加敏感，且更善于模仿。无论是追逐过的风筝、和影子的呢喃细语，还是窗帘后的光影斑驳、琴键上跳动的音符，儿时一些难忘的瞬间可能会对孩子今后的成长产生巨大的影响。这也是为什么建筑和城市环境对于孩子来说是难以割裂的存在，这些环境无时无刻不影响着孩子们的行为模式，以及他们的生活方式、性格和思想。

　　本书尝试将教育理念和空间联系起来，让空间成为父母育儿护儿的"好帮手"。从儿童的**居住空间**，到**社区环境**，再到**城市空间**，由点到面地阐述如何做好各个方面的**"儿童友好设计"**。希望能给家有儿童的父母、对儿童友好空间和城市感兴趣的设计师、规划师、教育工作者和其他相关人士一些启发。

## 享受住进来和学会走出去

　　实际上，城市、社区、住房这三个维度的儿童友好设计是相辅相成且缺一不可的。即便人们通常关注的是儿童友好型住房设计，但儿童友好设计的核心要点不仅是怎么让孩子**"享受在家的每一刻"**，更是应该鼓励孩子**"学会独立地走出去"**。儿童的潜力和未来是无限的，偏安一隅不如星辰大海。

　　**享受住进来**意味着住房需要提供良好的物理环境，并且让空间和家具尺度更适应儿童的成长，在功能的设置上更符合儿童的生活习惯和日常需求，从而为其成长提供更加合理、健康、安全的生活环境。

　　当然，还应该注重家庭教育和空间的关联性。一个儿童友好的住房空间，可以将家庭理念通过有形的空间传递给孩子，而这种潜移默化的被动式教育方式也更能为孩子所接受。

对成人来说，卧室是睡眠休息的空间，客厅是待客和休闲的空间。而对于儿童来说，"家"是他们整个生活的核心。他们大部分的睡眠、学习、探索、运动和社交等都在这里进行。因此，"儿童友好"的户型设计，需要更专业的设计考量，以提升家庭教育的参与性和丰富建筑空间的多样性。

**学会走出去**意味着鼓励儿童学会独立、冒险、探索以及培养他们的责任心和韧性。设计再完美的阳台，都不如户外公共空间对儿童成长更为有利——儿童在公共空间可以得到更充分的社交、运动、与自然亲近的机会。一个家庭的力量是有局限性的，而社会的参与才能使儿童的成长更为全面。

为了达到这个目的，落实儿童友好设计，具体实现的方法可以是提供大型玩具收纳的空间，提供充足的洗衣设施或者泥巴房，让儿童尽情玩耍后回家可以立刻变得整洁干净；提供可以看到小区儿童玩耍空间的窗户，提供明亮的楼梯间和小区夜间照明，让儿童更愿意在小区做游戏或安全地独立玩耍；提供更加安全的城市道路和完善的生活配套，让孩子可以真正地融入社会，探索新的空间。

## 儿童成长的重要品质

写书期间，我与来自相关决策单位、公共机构、教育组织和托育协会等工作人员进行了很多交流，感受到了来自各方的观点和所做的努力。

一是家庭教育的重要性。一方面，家庭、学校、社会对于儿童的健康成长都有影响。特别是家庭教育，在培养儿童习惯、责任心和同理心方面有着至关重要的影响。另一方面，许多家长对于孩子常有过多的保护和指令，缺乏"边界感"，导致孩子容易形成依赖、胆小、紧张、优柔寡断等性格。相反，那些被不断鼓励和学会独立成长的儿童往往更有自信心和想象力，这些品质让他们在未来的成长过程中受益匪浅。

二是孩子的尺度，这导致他们看到的世界常与成人有所不同。同时，儿童的成长速度较快，不同年龄阶段的孩子具有不同的特征，适应他们的功能空间也应该有所不同。

三是孩子既需要有"活泼好动"的时候，也要有"静心"的时候，能够专注地做一件事对孩子的成长有积极的意义。因此应对孩子的成长"分区"，多元化的室内和城市空间有利于儿童各项品质的全面发展。

四是儿童发声的重要性。儿童作为空间的使用者却常常是被支配的状态，难以表达自己的想法。我们应该给孩子一个参与社会议题的机会，加深他们和物理空间的联系，了解他们的想法，并让他们参与到改变空间的过程中来。

从一个建筑师的角度来说，空间是儿童生活的载体，应该为儿童复合型发展提供更好的条件。

例如，要培养儿童"独立"这一项技能，就应该为孩子的生活空间适当地"留白"，这种留白是鼓励其走出舒适圈，学会思考和应对挑战。再如，想要提升"家庭教育"的参与性，可以设计一些"启蒙空间"，如可以一起烹饪的厨房或可供家庭交流、活动的起居室，这都能为家庭教育提供更多的可能性。

空间的多样性也为儿童复合型发展提供更好的外在条件，如整洁的书房不仅可为儿童阅读创造更好的环境，也可让儿童学会整理和归纳；而缤纷多彩甚至有些杂乱的艺术空间，也可以培养儿童的想象力、思维发散能力和自由感。而对于较为有限的建筑空间，多功能的家具和有条不紊的收纳，也能满足儿童不同的成长需求。

## "成长"的房子

儿童的空间应该是不断"成长"的，以适应儿童成长不同阶段的需求。

例如，对于空间的使用功能，伴随身体的成长和心智的成熟，儿童会对空间提出不同的需求。儿童房中最明显的物理环境的改变就是尺度，小时候，可以容纳一张地毯、数个教具的空间就能满足儿童的基本成长需求，而长大了，可能需要更大的空间以容纳乐器、画板、书桌等。适当扩大的面积、家具尺寸和数量变化都是"成长"的房子最为直观的改变。

另一个变化是材质和色彩的调整。多种颜色对于学龄前的儿童来说可能是培养想象力和分辨能力的好方法，但当儿童步入小学校园后，空间过多的色彩却容易分散儿童的专注力。材质也是一样的，对于幼儿，需要配置柔软的地面以防止其摔倒时受伤，同时，伴随其成长也需要提供一些材质较硬的空间帮助孩子的骨骼发育。而面对较大的孩子，可以采用容易打扫的材质，以方便处理孩子经常泼洒的颜料和四处散落的手工残片。

## 儿童友好的社区和城市

住房的"友好型设计"只是儿童友好的"用户终端"，城市和社区才是儿童友好策略发展的大平台。在搭建一个儿童友好的框架时，首先鼓励的是友好的城市政策和环境（教育、文化氛围、城市多样性和儿童保护设施等），其次是友好的社区（教育和医疗可达性、行人友好与街道安全、公共空间、功能规划等），再其次是友好的居住区（就地托儿机构、健康食品可达性、儿童玩耍空间等）。

现阶段城市整体环境越发集约化和垂直化，儿童不得不在更拥挤的环境里生存。但随着人们对于教育和儿童权利的逐渐重视，为了给儿童创造更好的环境，城市、社区、住房的发展也会随之发生变化。

随着家庭结构的变化和家庭压力的增大，二孩房、三代同堂等居住方式也成为新趋势。小区的儿童设施配备、社区安全、城市教育资源等也逐渐成为家长定居和购房的重要考量。

15 分钟社区和儿童友好路线等概念也开始为大家所推崇。"社会一起带孩子"可以为家长分忧，也为儿童养成更独立的性格提供更多的机会。

此前，国内关于儿童友好设计相关的书籍并不多。这些书籍，虽然很有启发性，但要么是以国外的独栋住宅为背景，与国内的住宅情况有许多的不同；要么主要以文字为主，难以直观地向读者展示设计要点。因此，我在编写本书时，以"图解"作为主要的表达方式，以建立一个更有效的"桥梁"，让读者更清晰地了解到儿童友好设计中的各环节设计元素和方法。

　　另一方面，现阶段与儿童相关的研究多是单方面聚焦于室内或是城市，少有系统化和整体思考的书籍。但儿童的成长环境并非是片面或短期的，他们需要的不仅是住宅居住环境，更需要的是和家庭、城市、社会等紧密联系起来。本书的上下两个篇章分别聚焦于儿童"住进来"和"走出去"两个重要的场景，以期可以作为将儿童成长各个空间领域联系起来的"全书"。

　　这本《儿童友好空间图解设计全书》将从环境启发、室内呵护、社区激活、城市复合四个方面来阐述多场景儿童友好空间的特征。少年强则国强，如果有更多的朋友能够参与到国内儿童友好空间的建设中来，我们的社会将更利于孩子们的成长与发展。最后，希望本书可以对各位儿童友好设计的相关从业者和感兴趣的朋友有所帮助。谢谢大家！

编　者

CONTENTS 目录

前言

## 上篇 享受住进来

[ 空间·室内 ]

## 第1章
## 环境启发：让空间塑造儿童性格

002

CONTENTS 目录

## 下篇 学会走出去
### [ 社区·城市 ]

# 第3章
## 社区激活：让居住契合儿童需求

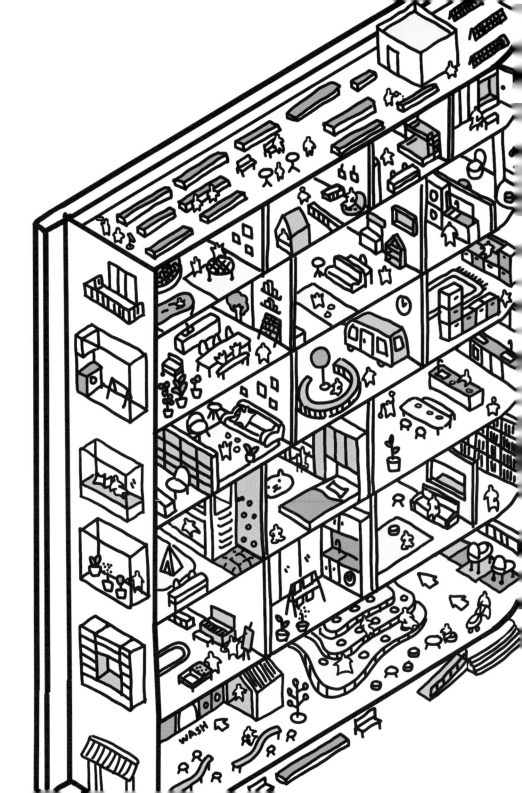

# 上篇

## 享受住进来

### [ 空间·室内 ]

# 第 1 章

# 环境启发：
# 让空间塑造儿童性格

# 1.1

# 儿童友好空间原则

## 适合儿童的空间

# 儿童友好空间原则

　　儿童的大部分学习体验都来自于与周围环境和他人的互动中，他们需要在健康、安全、丰富的环境里发展自己的性格和技能。儿童友好空间的设计旨在让儿童有更好的学习和生活体验，并能够在具有启发性和丰富多样的环境里茁壮成长。儿童友好空间原则大致包括以下内容：

　　**其一，支持儿童的可塑性**。可塑性使儿童能够适应不同的环境，也意味着环境的设计将对儿童的学习和成长起到至关重要的作用。通过对建筑环境、自然环境、家用设备、家具、室内材质，以及陈列方式等进行设计，可以创造一个健康的成长环境，帮助儿童更好地参与到环境学习中，以支持儿童的性格和技能的发展。

　　**其二，儿童友好空间设计需要更贴合儿童的身体尺寸和生活习惯**。儿童和成人在身体尺寸、体形指标、心理状态、生活经验等诸多方面有所不同，这些差异性决定了儿童空间设计需要考虑更多的因素。例如，适合儿童身体尺寸的家具、与儿童视野相符的展示区域、服务儿童学习和玩耍的不同空间设计、父母能够参与的空间、充满趣味和启发性的儿童领域、安全健康的室内环境等。

　　**其三，空间应作为家庭教育的桥梁**。家长通过空间传递给孩子成长的理念和提供沟通情感的环境。室内设计也是"家"的设计，其不光塑造的是物理环境，更是为了增强家庭的凝聚力而存在的。有积极行为的成年人活动是最强有力的榜样，孩子可以在这样的环境里得到更多的教育和启发。例如，多元的文化展示、清晰的行为管理、有挑战的玩耍空间、开放的意见环境和激发兴趣的物件等。

　　**其四，儿童空间是丰富的**。这需要合理地对空间进行布局才能得以实现。安排不同的或安静或热闹的环境、采用柔软或硬质的材料，打造鼓励儿童探索和试验的场所。这些空间资源需要和儿童的日常活动进行匹配。

　　当然，还有许多的设计原则和细节需要考虑。请跟随本书一起，开启一场丰富而完整的儿童空间之旅吧！

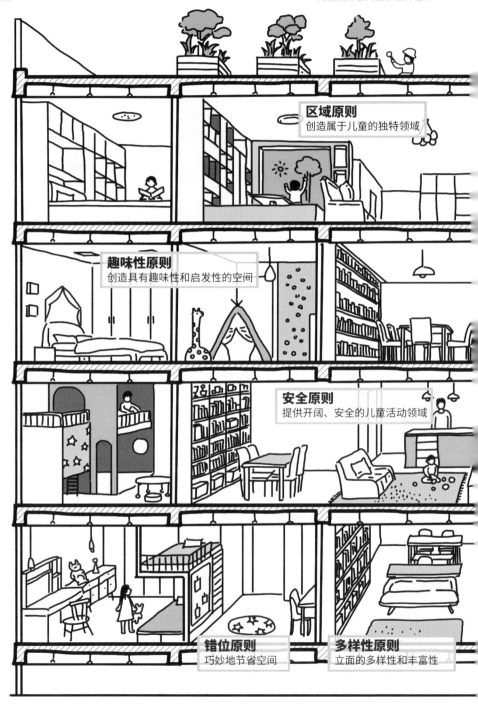

**区域原则**
创造属于儿童的独特领域

**趣味性原则**
创造具有趣味性和启发性的空间

**安全原则**
提供开阔、安全的儿童活动领域

**错位原则**
巧妙地节省空间

**多样性原则**
立面的多样性和丰富性

**舒适性原则和健康原则**
空间通风、采光条件良好

**立体原则**
利用立体性设计，丰富空间趣味性

**参与性原则**
父母不缺席儿童的成长

**成长性原则**
空间留有余地，适应成长

**实用原则**
符合儿童身体尺寸的家具

# ■ 实用原则

　　符合儿童身体尺寸的家具更能方便儿童的使用，并给予他们更好的成长体验。因此，在研究室内空间时，往往从儿童身体尺寸开始。

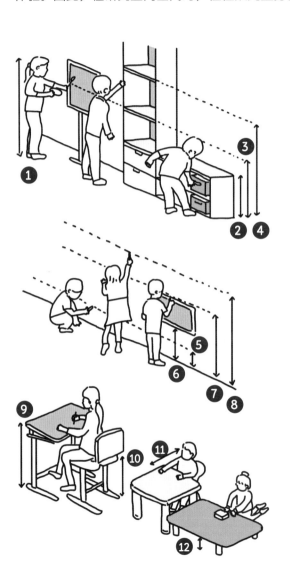

## 儿童手臂接触范围

根据儿童手臂尺寸和行为舒适性，可以将儿童手臂接触范围划分为低、中、高三个区域。在这些区域内，儿童拿取物品最为方便

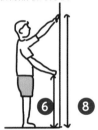

## 儿童使用墙面

儿童贴画、墙面玩具应设计在儿童最为方便使用的范围内，并正对儿童视线高度

## 儿童座椅

儿童最好选择可调节的座椅，因为这样可以随着儿童身高的变化不断调节座椅高度以使其始终保持正确的坐姿

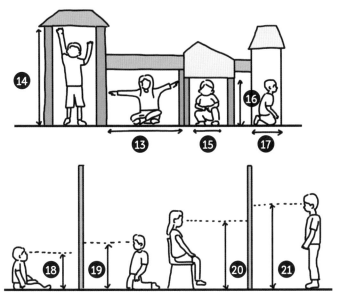

## 儿童活动空间

贴合儿童身体尺寸的活动空间往往深受孩子们喜爱，这个空间的尺寸可以给孩子足够的安全感和激发其探索欲

## 儿童视线

在儿童正对的视线处安排展示物品或常用物品，方便孩子观察和拿取

| 编号 | 具体尺寸名称 | 3岁/cm | 6岁/cm | 9岁/cm | 12岁/cm | 建议区间/cm |
|------|------------|--------|--------|--------|---------|------------|
| 1 | 儿童平均身高 | 97 | 118 | 135 | 152 | — |
| 2 | 柜体低值 | 22 | 27 | 31 | 34 | 20~30 |
| 3 | 柜体中值 | 63 | 83 | 93 | 100 | 60~100 |
| 4 | 柜体高值 | 95 | 115 | 135 | 150 | 95~150 |
| 5 | 墙贴最低值 | 20 | 30 | 30 | 30 | 20~30 |
| 6 | 墙贴低值 | 40 | 58 | 68 | 80 | 40~80 |
| 7 | 墙贴中值 | 90 | 110 | 126 | 141 | 90~140 |
| 8 | 墙贴高值 | 111 | 135 | 155 | 174 | 110~180 |
| 9 | 桌子高 | 49 | 52 | 61 | 67 | 45~75 |
| 10 | 椅子高 | 27 | 29 | 34 | 38 | 25~45 |
| 11 | 伸手长 | 58 | 70 | 81 | 91 | 60~90 |
| 12 | 茶几高 | 20 | 23 | 27 | 30 | 20~30 |
| 13 | 伸开双臂 | 98 | 120 | 138 | 154 | 100~160 |
| 14 | 举起手臂 | 119 | 144 | 166 | 186 | 120~180 |
| 15 | 蹲姿宽 | 38 | 47 | 54 | 60 | 40~60 |
| 16 | 蹲姿高 | 49 | 60 | 69 | 77 | 50~80 |
| 17 | 跪姿宽 | 32 | 39 | 45 | 50 | 30~50 |
| 18 | 坐姿看 | 40 | 49 | 57 | 64 | 40~65 |
| 19 | 跪姿看 | 56 | 68 | 78 | 88 | 55~90 |
| 20 | 坐姿看 | 68 | 82 | 95 | 106 | 65~110 |
| 21 | 站姿看 | 90 | 110 | 130 | 141 | 90~140 |

注：以上所有数值为多个文献综合所得，具有一定的平均性，只作为家具选择的通用性参考。孩子成长速度和身材比例有一定差异性，需要根据孩子身体的各项数据指标进行量身打造。

# 错位原则和立体原则

　　儿童的体形较小，这意味着一个适合成人尺寸的空间，可以同时容纳**多名儿童活动**。因此，巧妙应用房间的高差设计，既可为孩子创造一个有着丰富变化的室内环境，又可以节省室内空间。

　　不要低估孩子的**攀爬能力**，孩子具有很强的探索欲和活动需求。因此，设计需要考虑空间的安全性，防止儿童在攀爬时发生危险。但同时，适当的挑战也可以激励孩子，使其更勇敢和自信。

 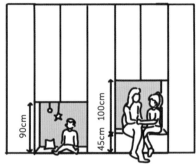

**错出上层"树屋"**

巧妙地利用层高，可以给孩子隔出一间"树屋"，创造一个专供孩子阅读和休息的个人场所

**错出下层座位**

可以在柜体下方空出几个小空间，这些空间非常适合用作儿童的阅读区，且不会占用太多柜体空间

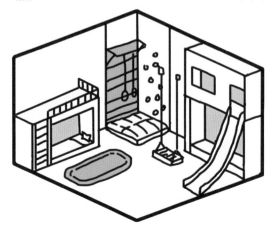

**立体设计**

儿童房的立体设计应注意：

1. 利用层高确定分隔方式

2. 确定上下两层的用处

3. 在上层空间设置护栏

4. 提供柔软的地面

5. 设置梯子或台阶通往二层平台

6. 利用墙面设计攀爬墙

7. 在顶棚上增加吊环或秋千

# ■ 参与性原则

　　**父母是孩子最好的榜样。**家庭参与性的设计可以为父母和孩子提供更多交流与合作的区域，以促进家庭集体活动的发生。另一方面，这也意味着有更多机会父母可以以身作则把优秀的品质和行为传递给孩子。如一起读书和工作以培养良好的学习习惯、一起做饭以培养健康饮食的生活态度、一起做家务以培养家庭责任感等。

　　实际上，为孩子提供更多**共同学习的环境更有利于孩子的成长**。父母不是孩子的管家，无声的陪伴胜过监督。儿童会在观察中模仿成人的行为，情感的共鸣和合作有利于建立更好的亲子关系和培养孩子的主动性。

**一起学习区**

父母和孩子一起工作与学习的场所。父母以身作则能够营造浓厚的学习氛围，让孩子模仿并专注于学习之中

**一起做饭区**

和孩子一起做饭，一方面可以促进家庭的凝聚力；另一方面可以培养孩子的生活技能，以及健康的生活方式

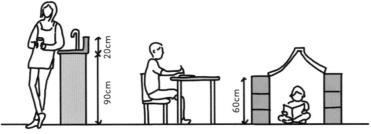

**观察空间**

观察空间是指主要以目光交流作为亲子互动的空间，但过于直白的观察有时候会起到反作用。父母需要给孩子一些空间，传递尊重

**私密空间和边界感**

对于儿童的成长，父母应该有边界感，不要过多干扰孩子的学习。私密空间不仅有助于儿童自我意识的发展，还能培养孩子控制情绪的能力

# 多样性原则和趣味性原则

**孩子的想象力是无限的，具有很强的可塑性。**丰富多样的环境可以给孩子带来不同的感受，让孩子从中学到不同的技能，并培养其对不同空间、形状、色彩的辨识能力。有趣的内容和情景可以吸引孩子进行这些训练，以达到寓教于乐的目的。

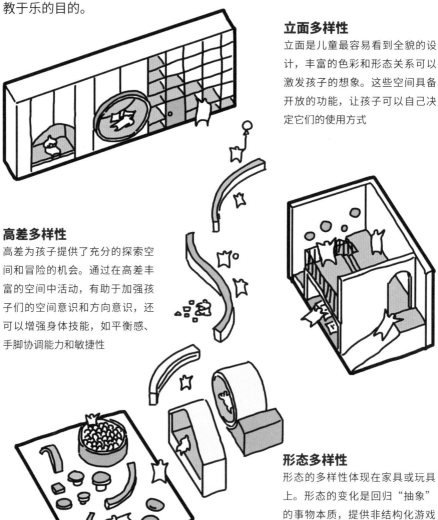

### 立面多样性

立面是儿童最容易看到全貌的设计，丰富的色彩和形态关系可以激发孩子的想象。这些空间具备开放的功能，让孩子可以自己决定它们的使用方式

### 高差多样性

高差为孩子提供了充分的探索空间和冒险的机会。通过在高差丰富的空间中活动，有助于加强孩子们的空间意识和方向意识，还可以增强身体技能，如平衡感、手脚协调能力和敏捷性

### 形态多样性

形态的多样性体现在家具或玩具上。形态的变化是回归"抽象"的事物本质，提供非结构化游戏的机会。多样性可以激发儿童不同的情绪状态和创造力

# ■ 成长性原则

　　儿童的身体变化在发育早期最为显著，孩子使用的家具可能很快就需要"更新换代"。因此，更具成长性的设计意味着给孩子预留变化的空间。建筑结构和家具也应该具备更多的灵活性，以满足儿童不同年龄阶段多元化的需求。

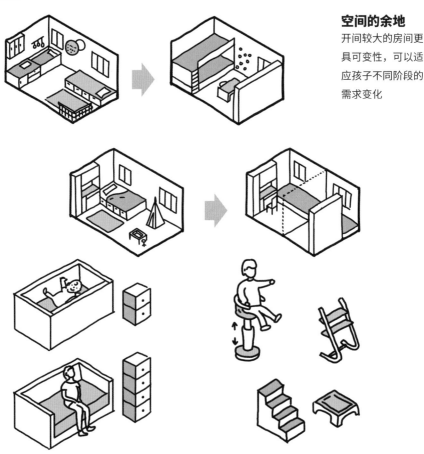

**空间的余地**

开间较大的房间更具可变性，可以适应孩子不同阶段的需求变化

**家具的第二次"生命"**

父母们倾向于选择更耐用的儿童家具，因此，具有可变性或可以模块化使用的家具颇受青睐，因为它们可以根据儿童成长需要来调节使用

**成人家具下的儿童辅助工具**

更经济的选择是采用大量的儿童辅助工具。孩子们可以通过这些辅助工具使用成人家具，以减少对成人世界的疏离感。这些辅助工具同样可以拼装和调节

# ■ 区域原则

　　儿童的成长有着不同方面的需求，这是因为其活动和思维有着多样性。如鼓励儿童专注思考的空间、发挥想象力的空间、尽情游戏的空间。不同类别的活动区域可以提高孩子不同方面的认知。

## 自由领域

孩子运动的区域应尽量减少遮挡物或棱角的出现，避免孩子因碰撞而受伤，从而使其能够尽情玩耍

## 利用地台进行划分

客厅可以通过垫高的地台对区域进行划分，但应该注意的是，台阶处应该有一定的保护措施，以防止孩子在台阶上摔倒时因磕碰而受伤

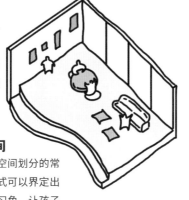

## 利用家具界定空间

通过家具界定空间是空间划分的常用方式。通过这种方式可以界定出一个专属于儿童的学习角，让孩子更加专注于思考

## 利用颜色界定空间

不同的色块可以界定出不同的空间。特定空间的颜色可以让孩子明白这个空间的作用

## 隐秘空间

隐秘空间是孩子感受自我和追求安静的区域。这种空间可以给孩子安全感和存在感，促进其良好人格的发展

## 利用地毯、垫子界定空间

运动区域可以通过地毯、垫子等软性铺装对孩子的活动起到缓冲的作用，防止其因攀爬、跳跃等活动而受伤

# 舒适性原则和健康原则

　　良好的物理环境可以预防疾病。环境中的污染物含量、通风、采光、采暖、卫生系统都与儿童的健康息息相关。同时，这些环境因素一定程度上还影响孩子的心理和情感发展。因此，在设计建筑室内和选用材料时需要综合考虑健康因素，以给孩子提供更加舒适、安全和卫生的成长环境。

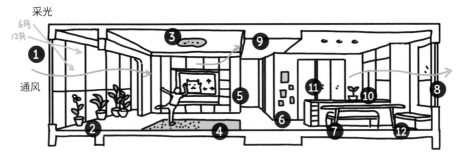

**1** 良好的采光　　**2** 植物观察课堂　　**3** 明亮而舒适的照明

**4** 柔软的地毯和开阔的活动区域　　**5** 充足的储藏空间　　**6** 儿童展示墙

**7** 原木等质地温和的家具　　**8** 自然通风　　**9** 新风和空气净化

**10** 水槽和净水系统　　**11** 厨余垃圾合理存放　　**12** 多功能的用餐区

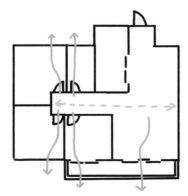

**平面布置**

户型的平面布置应该有明晰的动线，让儿童玩耍的空间和交通路线不冲突。房间排布在南北向上应尽量形成自然通风，并有足够大的阳台，可以作为冬暖夏凉的阳光房

**舒适的角落**

对于小户型来说，可以为孩子提供一个供其支配的温馨角落。这里鼓励孩子进行各类活动，并在这舒适和自在的氛围里，构建自己的世界

# 被动式儿童教育

## 减少儿童成长干涉

# 被动式儿童教育

儿童教育除了包含学校教育和家庭教育之外，**儿童所处的空间对其成长也有着潜移默化的影响**。古有孟母三迁，便是父母希望能够给孩子一个良好的学习氛围和优秀的同龄人集体。儿童所在的空间不仅需要让其获得丰富的体验，还需要间接地将信息传递给孩子并促进其各项技能的发展。

被动式的儿童教育是希望通过空间对儿童的不同行为进行限制、激发和引导，促进儿童的想象、辨识和感知等能力的形成。实际上，家长和老师并不可能全时间段地陪伴孩子。孩子大多时候还是自己在玩耍或和同龄人玩耍。因此，需要创造具有教育意义的空间，让这些有趣的空间如同催化剂一般，让儿童良好的行为习惯和健康的性格品质自然发展。

我们小时候看到的景象、触摸到的物件以及感受到的情感会跟随我们一生。捉迷藏的角落、安静的书房、踮着脚才能够到的糖果和望远镜看到的远方，这些小细节或许能对儿童的世界观产生很大的影响。因此，如何设计儿童的空间，也意味着我们想将什么样的记忆和感受交给孩子。

丰富的儿童空间会赋予孩子们在身体和心理上不同的体验。一方面，孩子会和空间进行互动，他们会使用、探索、适应和理解物理环境；另一方面，孩子们从空间中获得不同的情感，并被激发出活力和创造力，并逐渐形成对世界和自我的理解。

所以，可以通过提供有教育意义的空间来影响儿童的性格和行为，而非强迫性的学习。鼓励孩子发挥主动性，让孩子积极参与到与空间的互动当中，并在耳濡目染中养成良好的习惯。

# ■ 儿童空间有意义

空间设计可以**限制、激发和引导儿童的活动**。空间不同的特性，可以为儿童提供不同的体验。因此，儿童空间的设计应从各个方面切入，以创造更适合儿童成长的城市或建筑空间。

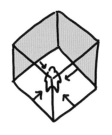
**限制**
限制儿童活动范围，让儿童明白一些生活常识和安全意识，并保障儿童的安全

**激发**
利用空间设计的可见性和易读性，让儿童对外产生好奇和想象，从而激发其活动

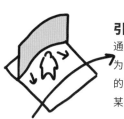
**引导**
通过空间对儿童行为进行引导，有目的性地促进和推动某些活动

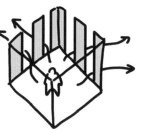
**判断**
提供不同的选择，让儿童学会认知和判断，并主动做出选择

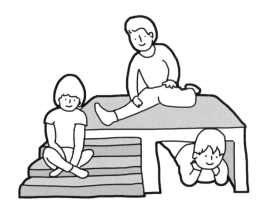

许多富有教育意义的建筑会设置坡道和不同水平高度的平台，以鼓励孩子探索不同的空间尺度

这些多元化的空间会让孩子体验一场场奇妙的冒险，或者和同龄人一起交流和合作，进行一场场戏剧性的探索

## 地台

不同高度的地台可以给孩子不同的视野。这也将儿童的视线拉高到了成人的高度，增加其对成人世界的认知

## 遮蔽

遮蔽空间是孩子躲藏的好去处，也是属于儿童身体尺寸范围内的安全角落。孩子可以在这里获得一份独处的体验

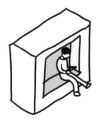

## 凹空间

凹空间是孩子们青睐的另一种安全空间。这种凹进墙面的小空间可以给孩子一种亲近感。孩子很喜欢沉浸在这样的小空间里玩耍

## 围合

围合空间也是能为儿童提供安全感的空间，其带来的被保护的感觉让孩子可以更加安心。这种空间也可以用于交流，如家庭会议等

## 洞口

儿童充满好奇心，喜欢探索。钻洞是儿童最爱的活动之一，是孩子们亲身体会各种空间的重要方式

## 悬空

更高的高度意味着可以带来更宽广的视野。站得高望得远，这让孩子对自身和世界有更深的理解。同时这些空间也能鼓励孩子冒险和变得更加勇敢

## 斜面

孩子喜欢攀爬，一些有趣的攀爬空间可以让孩子体会到更多的运动乐趣。这种空间具备一定的挑战性，孩子可以从中获得启发和成就感

## 开阔

孩子需要一些自由的、"可以跑过来跑过去"的开阔空间，在这种空间里，孩子可以无拘无束地释放他们的活力

# 空间如何传递情感？

　　空间能够给儿童带来**身体和心理上的不同感受**，一方面空间的声音、温度、开放度、质地、气味、色彩、尺寸能够给孩子带来不同的感官感受；另一方面，空间也可以使其感受到快乐、放松等内心体验。

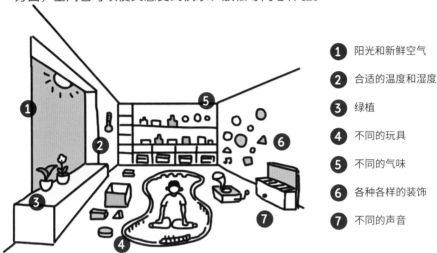

**1** 阳光和新鲜空气

**2** 合适的温度和湿度

**3** 绿植

**4** 不同的玩具

**5** 不同的气味

**6** 各种各样的装饰

**7** 不同的声音

　　**空间和情感是可以关联起来的**，不同的空间设计会传递给使用者不同的情感。如较封闭的角落可以给孩子安全感；一些斜空间可以引导孩子做一些肢体活动，并在他们到达顶点时，使其获得自豪感和成就感。

**1** 安静、放松的区域

**2** 具有挑战性的区域

**3** 获得成就感的区域

**4** 丰富与他人的交往体验

# 空间如何引导孩子？

　　儿童空间功能可根据孩子的**年龄和行为习惯**等来设计。例如，低年龄段的孩子主要通过触感来学习。当小孩子开始能够有意识地控制自己的动作时，他们会伸出手和脚来感受世界。因此，他们需要各种纹理、尺寸的物体来丰富其体验。尽量以儿童的视角进行设计，最好是坐在地板上，在此水平面上观察并试图感受空间，以创造更友好的儿童空间。

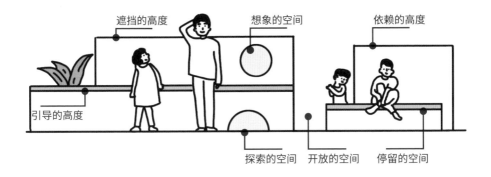

　　家庭中，温馨的氛围至关重要。如果孩子能把环境**与快乐的情绪联系起来**，这样的环境就会给他们带来更多积极的影响。而营造温暖空间的要点是打造一个个的小空间和舒适的居家氛围。这样的小空间可以是一间小屋子、一个小角落或者一张地毯。

# 儿童的早期成长

　　一岁前，孩子的生活重点是探索，而一到三岁的孩子则开始观察和触摸实物，发展他们的多个技能。三到七岁的孩子可以参加游戏活动，并学会表达他们的真实情感。而进入小学的孩子则开始有了更为明确的认知，具备基础的学习技能。

**探索**
儿童依靠身体本能进行探索，对外界充满好奇

**控制**
儿童主动触摸和观察感兴趣的物体，可以抬起、握住、扔掷实物

**识别**
儿童可以利用肢体进行互动，并识别成人的面部表情，进行简单交流

**手部活动**
手可以进行一些精细活动，并逐渐发展手眼协调的能力

**平衡**
儿童可以更轻松地自由行走和越过障碍，并保持身体的平衡

**沟通**
儿童可以参加一些社交活动，与同龄人和父母交流

**自助**
儿童可以自己洗澡、穿衣、脱衣，可以做一些简单的家务

**认知**
儿童可以匹配物品的形状和颜色，可以对物品进行分类

**运动**
儿童可以进行动作类和具有简单规则的游戏，也可以进行角色扮演

**操作**
儿童通过动手对事物有了更深一层的了解，并理解一些基本的自然规律

**表达**
儿童学会表达自己的观点，并将自己的需求正确地表达出来

**创造**
儿童可以进行有关创造力的活动，并能够在活动中获得知识

# 如何进行启蒙教学？

　　幼儿的房间需要有可以安全学步的区域，有色彩和音乐启蒙的区域，并提供丰富的互动装置和装饰艺术来促进孩子感官功能的发展；还可以提供一些洞口和小型攀爬措施，让孩子能够在其中尽情地探索。研究表明，丰富的环境体验有利于儿童各项能力的发展。

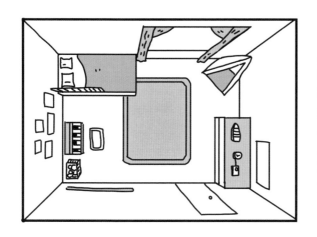

**感受变化**

挂在窗户上的窗帘随风飘扬，光影斑驳；关闭灯光或钻进小帐篷感受黑暗；不同的钢琴按键发出不同的声音。这些变化都会促进孩子辨别能力和想象力的发展

　　**小而舒适的场所往往受到孩子们的青睐。**在那里，孩子会感到被宠爱和安全感。幼童喜欢待在盒子里，长大一点又喜欢待在桌子底下，这种小小的空间对他们来说非常舒适。

**创造读书和玩耍的小空间**

根据儿童的尺度，利用一些物品打造舒适的小空间。对于幼童来说，一个纸箱可能就是他们的"宇宙飞船"。而对于大一点的孩子来说，桌子下方的空间可能就是"时空隧道"。而对于青少年来说，将书架围合起来，并在顶部增加一些质地柔软的材料，就可以作为一个温馨的阅读空间

# 空间的区别与优化

　　空间设计取决于空间的**体积、门窗的位置和房间的功能等**。如可以采用质地柔软的地毯界定区域，也可以用硬质耐磨的瓷砖以应对孩子在其上时常进行的游戏和活动，如绘画、手工、沙盘等。

餐厅可以和儿童的绘画、手工、沙盘区合用，这些区域应采用瓷砖等易打扫的材质，并与洗手台或卫生间临近，方便取水

积木搭建、阅读区域可以采用地毯或木地板等，使孩子在这里可以更安全地玩耍

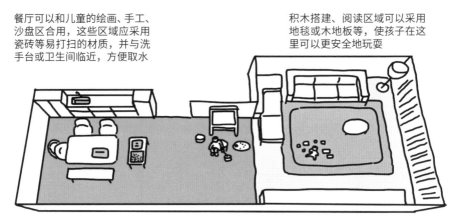

　　矮架子和其他家具也可以作为**明确的区域边界**。绿植、活动家具、挂毯、书架可以作为空间的分割线。分隔空间有利于让孩子明白不同区域的使用规则，并减少活动之间的影响，提高孩子的注意力。这种多样的空间布局使他们能够养成良好的生活习惯并遵循自己的兴趣。

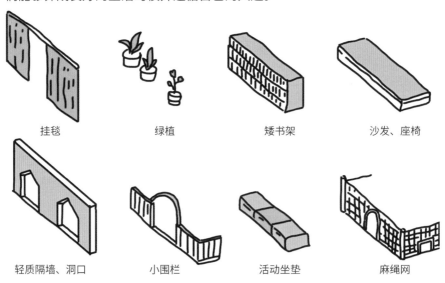

挂毯　　　　　　　绿植　　　　　　　矮书架　　　　　　沙发、座椅

轻质隔墙、洞口　　小围栏　　　　　　活动坐垫　　　　　麻绳网

# 空间的层次与深度

家具可通过**分类放置**特意打造出几个有趣的小区域，尤其是可供儿童或多人共同使用的小空间。小区域更能使儿童集中注意力，并易于家长管理和儿童自理。

空间最好**动静分区**，安静的阅读区域和较吵闹的积木区域需分开设置，以避免相互干扰。同时，需要开辟一条较宽的过道，让孩子们能够在其中自由行走而不会碰撞到家具。有利的环境使儿童能够遵循他们的主动性，掌握玩耍的技巧并发现生活的多样性。

**1** 静态区，孩子在此休息、学步、阅读

**2** 动态区，孩子在此玩积木、运动、观察

**3** 湿区，孩子在此玩沙、玩水，进行简易科学实验

# ■ 主题家趣设计

**主题家趣设计能够激发儿童的活力和探索欲。**一个充满创意设计的家可以激发孩子们的创造力。即便是小小的家,也可以通过创造丰富的创意空间为孩子提供更有趣的成长环境,同时还可以提高孩子的专注力,并鼓励他们组织、安排自己的生活空间。

## 微型世界游戏

一个微型世界是现实世界的投射和象征,孩子很容易从中获得启发和经验。儿童通过构建自己的微观模型和故事表演,日积月累,会不断丰富他们的认识和观点,从而有更多的思考

## DIY 装饰墙

DIY 装饰墙是孩子探索和表达的开放式工具。墙面是一张灵活的画布,是孩子想象力的投影,也是自我的象征。需要鼓励孩子们将自己个性化的想象赋予到有形的载体上

## 回收物品再利用

回收物品和天然材料是儿童手工的绝佳材料。这些创造性活动可以帮助孩子建立自信和自尊。它开启了孩子们的新发现,引发孩子不断地思考和探索

# 阅读之家

　　强迫孩子学习会容易让其产生厌学心理。因此，空间设计应巧妙地将学习融入空间当中，以达到潜移默化地将知识传递给孩子，让孩子在快乐中学习的目的。同时，阅读场所应该尽可能地提供一个安静舒适的环境，让孩子可以提高专注力。

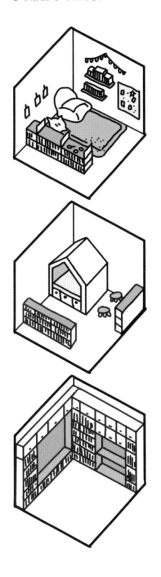

## 阅读角

阅读角是有效利用墙角空间的好办法，选择一个远离噪声的角落，让孩子安心并平静地享受阅读时光。当孩子们处在这样一个舒适的空间中时，他们就会更容易发现阅读的乐趣，从而对阅读产生兴趣

## 安静之所

柔软的沙发和舒适的桌椅为孩子们提供了一个温馨的安静之所，让其能够长时间待在其中。他们需要舒适安静的地方，在忙碌的一天中沉静下来

## 书墙

到顶的书墙也许会让孩子够不到所有的书籍，但其存在可让孩子对书籍产生好奇和兴趣。琳琅满目的书籍可以让孩子明白这是一个阅读的空间，帮助孩子沉浸在知识的海洋中

# 戏剧之家

　　许多儿童游戏都具有象征意义，例如，当他们在进行角色扮演游戏时，他们其实就是在想象或模拟现实生活。有趣的是，孩子们将生活经历与他们的游戏交织在一起，对他们的语言表达和识字都有许多好处。因此，可以营造一些启发性的空间，提供如室内的植物或者其他多功能物品，作为孩子们扮演游戏、讲故事和互动的道具。

### 戏剧角

这个区域可以是足够宽敞，让孩子们可以表演各种故事；也可以只是一个角落，只要有足够丰富的背景衬托，孩子就可以在角色扮演时充分发挥想象力和表达观点

### 角色扮演工具

软装设计时，多采用一些多功能家具，它们可以变成多种样式，用于搭建厨房、办公室、手术室或商店等各种扮演场景。拱门、窗户和镜子可以激发孩子们的兴趣，并能充分感受扮演游戏的乐趣

### 玩耍营地

玩耍营地通常集中设置在一个区域中，孩子们在其中搭建场景，并使用汽车、人物或动物模型表演故事。该区域需要较大的地面空间和充足的存储空间，所以，大件的家具经常可以演变成角色扮演的场所。在探索微缩世界的同时，孩子们加深了他们对世界的认识和理解，并提高了精细运动控制的能力

# 艺术之家

儿童在进行手工、绘画时容易弄得一团乱，所以之前一定要做好准备，例如，选择那些易于打扫的区域来开展这些活动。另外，沙台、画桌等应该靠近水槽和门窗，孩子们可以在塑形、绘画、泼墨等创作中获得不一样的感官体验。一个儿童友好的"艺术之家"不仅仅有鼓励孩子创造的空间，还有激发孩子灵感和展示孩子作品的空间，前者促进孩子的想象力，后者提升孩子自信心。

## 创作工作室

工作室是为了创作而设立的，以提供多样的创作工具和材料，是孩子们创造力释放的场所。不过，工作台上的工具应选择儿童款，以防止危险发生

## 鲜明的颜色和装饰

艺术摆件、挂画、壁纸等装饰应该具有趣味性和多样性，以此打造一个幻想世界，给孩子们更多的灵感。这些装饰应该能够和孩子们有一定的互动

## 艺术展示

艺术提高孩子们的观察力，激发他们的动手能力和创新思想。孩子们完成的作品也可以展示出来，这可以提高他们的自我认同感、自信心和创造力

# 1.3

# 独立性和主动性

## 技能发展原动力

# 独立性和主动性

实际上，独立和主动是孩子们自小最应该培养的两项品质。独立意味着孩子明白"我可以"，并减少对他人的依赖；而主动则意味着孩子"我想做"，并付诸行动。

学会独立的孩子在未来的成长过程中将更具韧性、乐观和开朗等品质，并更善于社交。事实证明，独立的孩子更愿意帮助他人，而他们对于困难和挑战也将更有信心去寻找解决方法，对于知识和新鲜事物也更主动地去探索和接受。就家长来说，独立的孩子也能让他们在未来更加省心。孩子的学习和生活都会更有自主性，他们将更有进取心并能够更好地安排自己的生活。

除了父母需要对儿童采用积极的教育方式外，从城市到社区再到住宅空间都应该提供给孩子独立的成长环境。例如，城市可以提供更加安全友好的儿童独立行走环境，社区可以提供鼓励儿童独立活动的公共空间。

儿童友好型的建筑空间，孩子们可以在其中被取悦、受启发和受教育。他们可以独立地完成学习和生活任务，并在其中感到乐趣。除此之外，他们可以自己进行决策，并勇于尝试，从结果中既可以"收获成功"也敢于"庆祝失败"。这种无畏的精神是美妙的，他们在未来成长过程中一定会受益匪浅。

# 独立，孩子发展的动力

　　孩子是一个独立的个体，虽然很多父母担心孩子受到伤害，并希望将自己的观念全都教授给孩子，但过多的掌控实际上是在让孩子丧失主动性，且往往会让孩子有强烈的依赖心理，容易胆怯退缩和缺乏自信。所以，培养独立自主的孩子将更加重要。

**自信**
独立促进孩子在成长过程中获得自信与自尊。在学习过程中将更有动力和毅力

**自力更生**
孩子们可以独立做很多事情，并能感受到自己可以掌控自己的生活

**归属感**
归属感让孩子感受到自己的重要性，并对家和社区产生责任感，更懂得奉献

**自律**
独立的孩子更自律，懂得辨别事物的好坏，并学会自我控制，拒绝不好的诱惑

**挑战**
独立的孩子更勇于挑战困难，未来的生活中将更有韧劲，勇于去实现更难的目标

**决策者**
独立的孩子是优秀的决策者，他们可以更全面地考虑问题，并得出自己的最优解

**专注**
独立的孩子能更专注地做事，并具有充分的主动性，也将更有耐心

**帮助他人**
独立的自我意识可以更好地感受到他人的需求，这些孩子将更乐于帮助周围的人

**成就感**
孩子会为自己能够独立完成任务产生成就感。这更有利于自我激励和发展自我

# 独立的成长环境，家、社区和城市

随着城市化进程的加快，当前社会、教育和物理环境都发生了巨大的变化，但孩子独立玩耍和户外活动的机会却大幅下降。这一方面是因为家庭结构的变化，另一方面也是因为城市高密度的发展，导致公共空间、行人友好的城市环境和完善的生活配套设施缺乏而引起的。

### 街道空间的重塑

孩子能持续较长时间的独立活动便是自主玩耍和独立行走。因此，街道空间的重塑和公共空间的完善可以帮助孩子更从容自由地选择出行方式并参与户外活动

安全的街道也让父母更放心地将孩子交给城市。相互的信任意味着孩子可以获得更加独立的成长环境，并在亲身实践中更好地塑造自我

### 儿童友好的政策

儿童友好的城市政策意味着鼓励更多的儿童参与城市活动。孩子们在参与社区活动表达自己的观点时会获得归属感和成就感

这种能够参与周边环境改善的过程，可以使孩子获得更加独立的人格。这样的儿童会对社会有更全面的了解，并能在未来更好地融入社会

# 如何避免"习得性无助"?

　　当父母代替孩子完成过多孩子本可以独立完成的事情时,实际上是在传达一种对他们能力的不认同感。这样的孩子容易对自己解决问题的能力缺乏信心。因此,自力更生是儿童成长中重要的一部分,我们应该为儿童提供更多使其独立成长的机会。

**吃饭的场所**

儿童自己吃饭是自力更生最重要的一步。让孩子学会自己进食、不挑食、不吃垃圾食品,是孩子健康成长的保障

**穿衣的场所**

需要有符合孩子尺度的穿衣场所,让孩子可以自己完成每天的穿衣动作。虽然这只是一件小事,但也有益于培养孩子的自立精神

**学习的场所**

给孩子提供安静的学习环境和丰富的学习资源,不仅能促使孩子顺利完成功课,还能激发其思考和学习兴趣

**玩耍的场所**

孩子的专属玩耍空间,是孩子自己编写剧本、联想故事和制定规则的最佳场所。这也有利于培养儿童想象力和领导力

**研究的场所**

孩子将在这里探索简单的物理和化学知识。他们通过观察和做一些简单的实验,发现一些自然规律。这个过程对于儿童来说是有趣而富有成就感的

**洗衣的场所**

儿童学会自己清洗衣物,可以培养他们的责任心和动手能力。为孩子设置一个专门的洗衣区域,为他们能够做一些力所能及的事情创造条件

# 如何创造儿童可参与的家务环境？

通过参与家务劳动，儿童更能感受到自己在家庭里的重要性，并更有归属感。孩子可以在家务过程中对环境有更深的理解和体会。当然，这样培养出来的孩子，不仅仅可以学会独立做事，还乐于帮助他人。

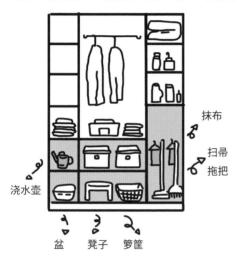

## 儿童家务间

提供符合孩子尺度的家务工具，如洗衣服、扫地、擦灰、浇花的工具。这些工具应集中布置并方便儿童拿取，以鼓励儿童积极参与家务劳动

## 备餐台

在备餐台周围提供儿童可以使用的小楼梯、防脏易洗的垫子和容易拿到的抹布，以使儿童可以参与到备餐和清洗餐具的劳动中

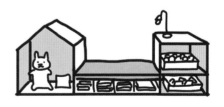

## 儿童换衣间

儿童换衣间的设置可鼓励儿童自己穿衣和整理衣物。同时，镜子也可以让孩子从小认识自己和展现自己，建立自信

## 儿童玩耍区

有条理的收纳帮助儿童了解他们的物品应该放在哪里，以便于其在每次玩耍、阅读后将自己的东西归回原位，养成整理的好习惯

# 家的组织方式有讲究

　　家庭的组织方式对孩子的独立性有较大的影响。干净整洁的家庭环境能够帮助孩子们建立规则意识，并更具责任心和整理家务的能力。给收纳的柜子贴上分类标识，让他们学会整理自己的玩具和用品，把生活安排得更加井然有序吧！

**厨房**
儿童参与做饭使用的工具放在下方，方便儿童拿取

**卫生间**
儿童洗衣服的盆可放在明显位置，让孩子可以自觉参与清洗自己的衣物

**玄关处的柜体**
儿童出门玩耍时携带的物品可以归位在此处

**表扬墙**
对于儿童好的表现可以在表扬墙上进行积分，以此对孩子起到鼓励和监督的作用

**家务间**
设置儿童家务空间，让儿童可以取用自己专属的家务工具

**儿童衣物、学习用品**
衣物和学习用品放在儿童房，避免过多的玩具收纳在儿童房使其分心

**客厅的儿童物品存放**
儿童玩具等零碎物品整齐存放在电视柜里

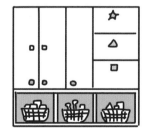

**充满童趣的儿童专属收纳**
为了提升儿童做家务的兴趣，可将整个家务间或收纳柜做成有趣的外形，以使孩子可以一边做家务，一边进行角色扮演游戏，乐在其中

**可以分辨的标识和颜色**
通过设置不同的标识和颜色可以帮助孩子区分物品的归放位置。大的柜体可以设计一些位置较低和形状不同的把手，帮助孩子收纳使用

# 反复训练的场所

　　孩子能够完成一项任务或是学习一项新的技能不仅需要时间，还需要反复练习。坚持训练和有计划的安排可以让孩子熟练地掌握一项技能，并建立自信心。

**反复训练也不容易劳累**
符合儿童身体尺寸的练习台有利于孩子们可以在此掌握基本的技能

**由简单到复杂**
不用一开始就让孩子上手很难的家务，先从简单、易操作的项目开始吧

**容易打扫**
由于肢体运动尚待发展完善，孩子容易把场地弄得凌乱，因此，选择方便打扫的地面和桌面就很重要了

**分解步骤**
为孩子购买一些家具模型玩具，可以帮助儿童理解和掌握每一个步骤

**父母参与**
在进行家务前，父母可以为孩子制订和讲解计划以及步骤，有效地帮助孩子轻松习得家务技能

**计划表**
孩子完成计划可以在计划表中打钩，以增加儿童成就感和增强自信心，培养孩子的责任感和家庭归属感

# 创造丰富的决策环境

实际生活中常常会充斥着大量的选择，而那些更果敢和睿智的决策者往往是因为有着能够做出**独立决策的童年**。父母应该让孩子从小就练习做出适合他们年龄的选择，让他们学会独立思考和行动。孩子们需要练习权衡利弊，做出自己的抉择，并为其承担后果。丰富有序的空间环境有利于孩子练习决策能力。

## 食材选择

让孩子亲自选择食材和烹饪方式，了解自己的口味，并尝试分辨食材和调料的类别。饮食的多样性可帮助孩子养成不挑食的好习惯

## 游戏规则制订

客厅有丰富的储藏空间和面积充裕的操作台面，这可以鼓励孩子用自己的方式进行游戏。孩子们可以制订自己的游戏规则并沉浸式地玩耍

## 衣服选择

选择自己喜欢的衣服并尝试搭配，可帮助孩子更早地认识自我，并勇敢地表现自己

## 睡前整理

睡前读书和写日记，可以让孩子从一天的玩耍中安静下来。将一天使用过的东西逐一整理收纳的过程，也是自我总结和反思的过程

# 鼓励努力，也要庆祝失败

鼓励孩子们**勇于尝试**，并有一颗**重在参与**的平常心。"完美"可能会引起孩子太多的焦虑，有许多孩子会因此害怕失败，反而不敢踏出第一步。实际上，在未来的日子里并不可能一帆风顺，孩子需要为失败做好准备，并从中吸取教训。他们会意识到犯错误也是学习的好机会。

**静心思考的场所**

独立的内嵌式静思区域，可减少外界的干扰，帮助孩子更专注地思考

**学习区的墙面**

学习区的墙面可以贴上计划表和悬挂提示板。孩子们每天可以用便利贴、剪纸等工具，将错误和心得总结其上

**饭厅的展示板**

饭厅往往是一家人进行交流的场所，一些展示板可以帮助孩子和家长沟通一天的所得，增强家庭凝聚力

**知识的整理**

大的文件夹或手帐，帮助孩子们整理所学的知识，并从错误当中获得经验

# 空间帮助培养好习惯

**孩子的主动性也来自于父母的鼓励和信任。** 家长不应该越俎代庖,而应采用互动式和鼓励式的方式帮助孩子健康成长。留心观察孩子的兴趣,让孩子专注于自己的成长,鼓励他们坚持。授人以鱼不如授人以渔,为孩子提供多样的学习工具和途径,让他们有丰富的体验,从而发展出自己的兴趣。

### 技能树

技能树可以作为孩子的成长计划并记录其完成度。孩子可以通过技能树的变化感受自己的学习收获和习得的技能,从而获得成就感并更加勇于迎接挑战

### 显眼的位置

希望孩子发展的项目和与兴趣有关的物品应该放在较为显眼的位置,也可以通过装点相关的主题为孩子提供更多了解的机会

### 津贴与财商

通过与孩子共同制订零花钱计划,适当地引入一些财商的训练,帮助孩子规划零花钱和增强理财意识

### 标志条的展示

希望孩子遵守的习惯可以通过贴标志条来提醒,如提醒饭前洗手的标志可贴在洗手池上方,以促使儿童养成良好的卫生习惯

# 积极的氛围，滋养好精神

**好的空间是滋养精神的场所**，孩子们可以明白空间的作用，并在其中获得相应的技能提升。这有助于他们保持良好的学习状态，更加投入和专注。

### 围合空间

围合的空间给孩子领域感，让其可以感受到这是属于自己的专属世界。只需用低矮的书柜围合起来就可以达成这样的效果

### 包裹的场所

柜子、小帐篷和蛋壳房模型等包裹起来的空间给孩子带来如同回到子宫一般的安全感，让其可以更加专注

### 框空间

有时候一个框也可以让孩子玩得乐此不疲。框限定了空间，给孩子一个自在的区域

### 高墙空间

更高的围合空间意味着更隐秘的环境，适合孩子沉下心做功课和阅读

### 悬吊空间

荡秋千是孩提时代的乐趣之一。一个可以进行适当活动的空间就能让孩子充分感受到快乐和放松

### 遮蔽空间

遮蔽空间可以提供一个安全、封闭的区域，身处其中，孩子们可以更加专心，不会被其他事物分散注意力

# 1.4

# 冒险与留白

## 合理组建保护圈

# 冒险与留白

　　过度的保护容易让孩子产生依赖，过多的设计也许会让孩子缺乏想象力，过量的干涉也容易阻碍孩子内驱力的发展。因此，在孩子成长的过程中，父母需要学会留白和为其冒险创造适当的机会，让孩子按照自己的节奏学习和成长。即便他们会遇到一些困难，这也是他们能够不断进步所必须经历的。

　　冒险的意义在于孩子们学会迎接挑战，从挫折中吸取教训，并在挑战成功后获得极大的成就感。孩子们通过自己动手，用周围的材料和自己的想象力，去尝试探索解决问题的方法。在自由地创造过程中，他们充分思考且兴趣得到提升，满足了其天然的好奇心和探索欲。

　　同时，他们在挑战过程中锻炼了自己的耐力和韧性，这些品质可以让他们在未来的生活里保持更加积极的态度和灵活的解决问题的能力。另外，这些冒险活动可以和自然空间结合，提供更加多元化的游戏场地，促进孩子对空间环境的理解。

　　除了冒险性，适当的留白也是儿童友好空间需要具备的重要特征之一。游戏元素应该给予孩子适当的想象空间。这和冒险从根本上具有一致性，即减少对孩子的过多干预，让孩子更自由地与生活环境、学习空间、社会等建立联系。

　　当然，冒险和留白并不意味着家长完全放手。实际上，家长需要正确地引导孩子，鼓励他们探索世界、参与社会实践并自主构建知识体系。

　　除此之外，安全性也是建筑空间需要保障的。一方面，建筑要保障孩子的基本安全，为各种突发情况预留空间，提供足够的缓冲地带和保护措施。另一方面，家长和学校也要教导孩子如何辨别危险，减少游戏活动的伤害。

# ■ 冒险游戏

　　孩子通过各种活动发展技能，如行走、跳跃、奔跑、攀爬、翻滚等。孩子们的冒险游戏设施应遵循**丰富且灵活**的原则，也可以根据孩子的兴趣进行设计。同时，游戏设施必须在安全和挑战孩子身体极限之间取得平衡，从而给孩子提供更好的发展机会。

跳跃　　　　　　　　　　控制　　　　　　　　　　平衡

攀爬　　　　　　　　　　弹跳　　　　　　　　　　力量

协调　　　　　　　　　　爬行　　　　　　　　　　探索

# 游戏式挑战，"打怪升级"

**给孩子制定挑战计划。**太难的挑战可能会让孩子想要逃避，但太简单的挑战也容易让孩子丧失兴趣。

设置适当难度的游戏关卡能促进孩子们在挑战中学习，并获得相应的技能成长。孩子就像游戏闯关一样，能不断获得新鲜感和成就感。

将家设计成一个游戏场吧，让孩子在挑战中获得快乐，并勇于拼搏。

**主题儿童房**

儿童房可以通过主题设计，让孩子在学习和生活中给自己赋予一个新的幻想角色。这样的游戏化思维方式可以帮助孩子主动克服困难，保持乐观和不懈的拼搏精神，学习更有动力，也更勇于迎接未知的挑战。孩子们能够更专注地投入学习中，毕竟谁不想在那有趣的环境里学习和玩耍呢

# 恰到好处的挑战

在设计挑战游戏设施的难度时，需要**根据孩子的情况，设定适宜的难度值**，以不同的方式发展儿童的技能，根据孩子的情况使其变得更难或更容易。我们需要鼓励孩子走出舒适圈，扩展新技能，但又不能引起他们过多的焦虑或不知所措。因此，恰到好处的挑战难度就显得非常重要了——这既唤醒了孩子的潜力，又使孩子能够发挥出最大的主动性。

### 喂孩子的技巧

"饭来张口"的喂养方式容易让孩子产生过多的依赖心理。因此，喂养时不妨稍微将汤匙放远一些，让孩子有一个前倾去够到食物的过程。这一微小的改变也可以让幼儿有努力获得食物的成就感

### 恰到好处的游戏和谜题

设定游戏和谜题的难度应是让孩子需要花费一定的脑力和体力才能完成的程度，从而使其有挑战的欲望和成就感。但同时又不能过难，避免让孩子失去信心

### 恰到好处的家务劳动

随着儿童年龄的增长，可以给他们分配一些适合的家务劳动，以帮助他们更好地认识到家庭中的责任和义务。当然，除了鼓励之外，相互合作也是帮助他们能够加深认识并提升参与感的方式

# 冒险工具

儿童友好型的冒险空间意味着能为孩子探索世界提供更多的可能性。在这些空间里，儿童通过运动来拓展自己身体技能的极限，并判断是否可以掌握它们，以便学会管理风险和保护自己。

许多大型玩具可以成为冒险的场所，这些工具往往可以让孩子在其中进行攀爬、跳跃、搭建、推拉等活动。好的冒险工具可以帮助孩子了解大小、形状、色彩等概念，有助于拓展其思维和认识自己。

# ■ 留白激活想象力

**幼儿不应该受到空间过多物理条件的限制**——他们应该在有关空间的体验中生发出自己的判断和认知，在其中发现自我，寻找完全属于他们，并且可以自己决定和塑造的"世界"。这个过程将在他们的心理发展中发挥重要作用。

### 延展型工具

延展型工具帮助孩子们拓展他们的思维，如家里的长卷画纸、墙贴家用黑板等都可以成为孩子自由作画的"天地"

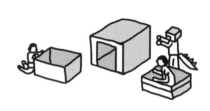

### 组合型工具

组合沙发、箱子、树枝等都是很好的组合型工具。通过组合这些材料单元，孩子可以构建不同的空间，并获得不同的体验。它们是孩子理解和构建世界的好助手

### 多样型工具

多样型工具帮助孩子们辨别事物的不同，并找到他们的关联性。孩子们也可以将不同的元素拼凑出一个完整的组合，从而理解空间的构建和联系

# 非结构化游戏的独立玩耍区域

　　**非结构化的游戏**对于培养孩子创造力、解决问题和自主学习的能力非常重要。孩子应该知道，并非所有的活动都是设定好的，他们可以尝试安排自己的活动，并规划好时间和目标。在这类游戏中，孩子们利用丰富的道具，制订自己的规则，想象力得到了充分的发挥。

## 客厅也是钓鱼场
一些简单的器具就可以让孩子获得不同的体验，这就是非结构性玩耍的好处，可以扩展孩子们的思维边界

## 箱子组合新场所
箱子是非常棒的非结构化工具，孩子可用其组合成不同的空间，并和现实联系起来变换为一件"新东西"

## 木材和石头碰撞
木材和石头是很好的非结构化工具，它们本身带着自然的痕迹，孩子可以用他们将空间装扮成"大自然"

## 回收物品变新物
回收旧物是非常好的材料，一方面孩子们可以明白节约的好处，另一方面变废为宝的过程让他们可以充分发挥想象力

## 菜园新体验
菜园是孩子们体验农耕生活、感受自然的好去处。在播种、浇水、采摘等过程中认识植物并了解大自然的奥秘

## 厨房也是战场
一些厨房工具可以作为孩子们幻想游戏的道具。孩子可以利用家里的工具"进入"一个有趣的想象世界

# ■ 组建安全圈

　　小孩子辨别危险的能力有待提高，因此突发行为较多，这是令许多家长头疼的问题。实际上，孩子自由决策的底线是由父母来提供和保障的。由于孩子身体力量较弱，认知和心理也尚未完全成熟，父母和建筑师需要为孩子的玩耍风险做好防范。

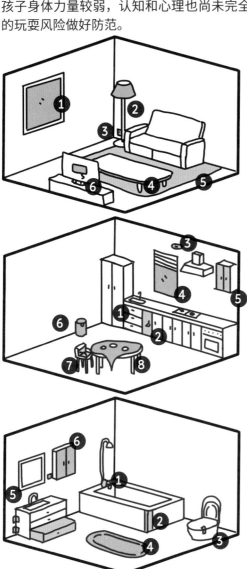

**1** 窗户安装纱窗和儿童锁

**2** 高脚电器尽量靠墙放置并整理好电线，防止绊倒和缠绕孩子

**3** 电插头需经安全处理

**4** 对茶几的棱角和沿边处进行包裹，孩子玩耍时尽量移开茶几，留出空间

**5** 地毯可以缓冲儿童活动

**6** 电视电线隐藏收纳，固定好电视

**1** 横向抽屉尽量只出现在水池下方，避免儿童踩着抽屉使用桌面

**2** 给收纳清洗用具的柜子上儿童锁

**3** 安装烟雾报警器

**4** 窗户安装纱窗和儿童锁

**5** 玻璃、锋利器具收纳在顶柜等儿童不易触及的位置

**6** 采用可以防止儿童扑入或被垃圾划伤的垃圾桶

**7** 稳固的儿童桌椅

**8** 不要使用桌布，以防止儿童拖拉桌布导致物品掉落

**1** 防止磕碰的保护套

**2** 防止磕碰的棱角保护措施

**3** 坐便器上儿童锁

**4** 防滑的脚垫

**5** 固定盥洗台，防止其倾倒

**6** 剃须刀、清洗液等放置在顶柜

# 空间的安全性

　　对于孩子玩耍的空间，需要处理其中容易使其受伤的表面和棱角。从孩子的角度找出家里具有安全隐患的物品，如电线、过小的玩具（容易误食）和塑料袋（容易窒息）、锋利器具等。另外，对于肢体控制能力较弱的幼儿，应避免使用过多的滑轮器具，若有，应设置防滑措施。

### 保护半径

在设有秋千等活动半径较大的游戏设施的空间，应清空其周围的物品，防止儿童发生磕碰

### 缓冲空间

蹦床等活动设施应该做好保护措施，包括将周围的物品清空和地面材料的处理

### 避免棱角

小孩子常跑动的区域应包裹好棱角，尤其和孩子身高一样的桌角更应该及时处理

### 注意台阶

避免出现不明显的台阶，让孩子摔倒。高楼梯则需要有婴儿锁，避免孩子从其上滚落下来

### 注意窗线、电线

百叶窗的窗线和一些电器的电线容易缠绕孩子，应尽量收纳起来

### 保持稳定

斗柜等家具应在其背后做好固定，避免其倾倒压伤儿童

### 注意窗户

窗户和阳台做好儿童防护。因为儿童可能会在此使用板凳等工具翻越窗户，有发生坠落的危险，所以应增加儿童锁

### 攀爬防护

攀爬的场所应注意为防止儿童摔落受伤做好防护措施，如柔软的地面材质

### 防止跳下

孩子有时会跳下高床，对于较小的孩子可以采用防护网以保障其安全

# 1.5

# 功能可变

## 空间伴随儿童成长

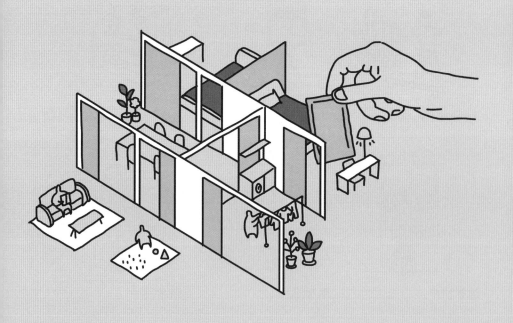

# 功能可变

可变家具、模块化和可灵活布置的户型是目前家庭住房的重要课题。

随着房屋置换成本的增加和家庭结构的变化，家庭在一套房子里居住的周期逐渐变长。因而，可以满足家庭不同阶段、多种居住需求的住宅将越来越受到青睐。

实际上，作为必需品的住房和居住者日益增长的需求之间势必存在摩擦，这是因为家庭的人数、社会观念、孩子的需求和家长的使用习惯可能随时发生变化。而不可估计的成本和有限的居住环境让空间的可变性变得更加重要。

一方面，孩子的成长变化是肉眼可见的。相应地，对儿童家具、房间尺寸的要求也会不停更替。灵活可变和具备适应性的住宅产品更能满足儿童的成长需求。同时，孩子逐渐成长，其期望也会随着身心发展而变化。

毫无疑问，在住宅设计过程中需要对孩子当前的需求、预期愿望，以及远期的生活规划进行分析，从而可以提出更灵活的空间规划方案。

另一方面，在有限的空间里，随着人口结构和家庭成员发生变化，大量的隔代房、三胎房逐渐出现。因而，我们也需要用更有创造力的空间解决方式以应对日益增长的家庭需求。

解决方式有不同的表现形式，如通过重新布置家具对空间布局进行调整，通过移动隔板和轻质隔墙对房间大小进行调整等。这些策略本质上都是利用软性隔断、可移动家具、软装变化等方式对空间重新定义，以增加或减少空间的功能，满足家庭成员更多的需求。

# ■ 灵活的空间

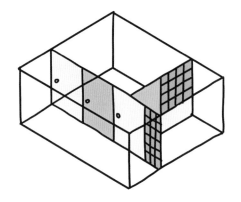

在古代日本的设计中，推拉门具有分隔房屋区域的作用。每一个空间并没有固定的功能标签，大小完全是根据地垫来界定的。而住户最终会确定每个空间的功能

提出"少即是多"的密斯·凡·德·罗强调"流动的空间"，即是希望利用建筑技术的革新，用简明的结构以进行自由地分割

框架结构和框架 - 剪力墙结构的出现，也带来了更多空间布置的可能性。承重墙减少的建筑形式更有利于空间的可变性布置

# 模块化和灵活性

　　黑川纪章的中银胶囊塔和摩西·萨夫迪的 Habitat 67 是模块化建筑的典型代表。中银胶囊塔的每一个胶囊房被设计为可以独立更换的单元；而 Habitat 67 也是较早的预制化、堆砌式的建筑实验作品。密斯·凡·德·罗的魏森霍夫住宅展现了宽结构网格可以使建筑获得极好的灵活性。2016 年普利兹克奖得主亚历杭德罗·阿拉维纳的智利住宅项目金塔蒙罗伊公屋则展现了"未完成"的建筑可以给家庭带来更多的私人定制机会，以满足他们的期望、家庭变化和日常生活需求。

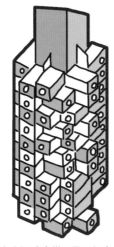

日本中银胶囊塔 / 黑川纪章

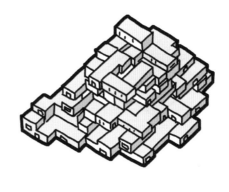

加拿大 Habitat 67 / 摩西·萨夫迪

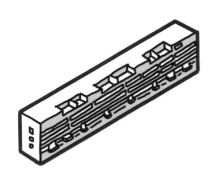

德国魏森霍夫住宅 / 密斯·凡·德·罗

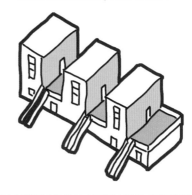

智利金塔蒙罗伊公屋 / 亚历杭德罗·阿拉维纳

# 空间的可变性

对于较小的空间，通过设置墙面凹槽等方式可以节省出更多的空间。但并非所有的方式都有较好的操作性，需要结合家具的尺寸选择不同的变化方式。

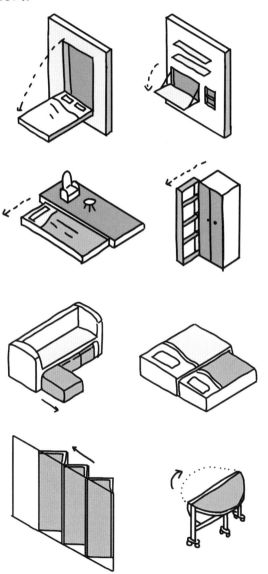

**转轴式**

通过转轴让家具展开。这种方式比较适合用于餐桌、床等可以收纳在立面的家具

**推拉式**

推拉式可以巧妙地利用地台、柜子侧面等狭窄空间收纳家具。这种方式可以充分地利用较窄的区域，但不容易打扫灰尘

**嵌套式**

特意选择大型的家具以嵌套小尺寸的构件，如沙发下嵌套儿童座位或大小床的嵌套组合等

**折叠式**

与转轴式类似，都是通过轴轨进行折叠，在不使用时可以减少此类家具占用的体积

# 模块化组合

　　模块化家具单元不仅经济且可进行多种功能的组合，还可以让儿童参与这种家具组装的过程，培养儿童的想象力和动手能力。相同的单元通过不同的组合方式可以满足不同的功能需求，以不变应万变。

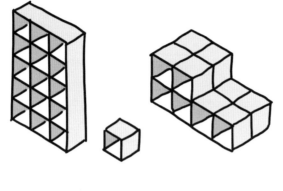

## 格子组合

正方体是最容易进行拼接的单元体，每一个格子可以作为物品陈列或者收纳的空间。同时它们又可以形成墙体和座位，作为房间的分隔

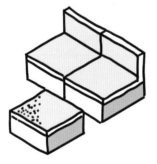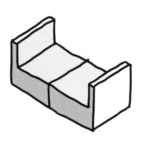

## 家具组合

很多沙发或者桌椅是以单人座作为基本单元拼接而成的。孩子可以利用这些组合单元充分发挥创造力，组合成不同的形式

## 滚动还是固定

滚动的单元体充满乐趣，可以灵活地出现在不同房间。但并不意味着都能使用，较小的孩子可能会在使用时因重心不稳而摔倒

# ■ 空间变换有方法

　　较宽的房间或者两个相邻房间在空间变换上具备更多的可能性，它们可以通过轻质隔墙、柜体或者帘子来进行分隔以满足二胎甚至三胎家庭的使用需求。

**轻质隔墙分隔**　　　　　　　　　　　　**柜体分隔**

**帘子分隔**　　　　　　　　　　　　　　**组合分隔**

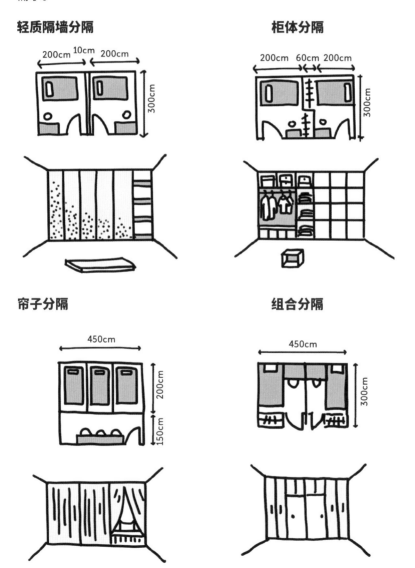

# 移动的柜子

　　柜子作为隔断既可以作为收纳的场所，又可以通过移动改变空间格局，重新划分空间以适应孩子不同时期的需求。当然，一个较大的卧室空间是满足其灵活性的基础。

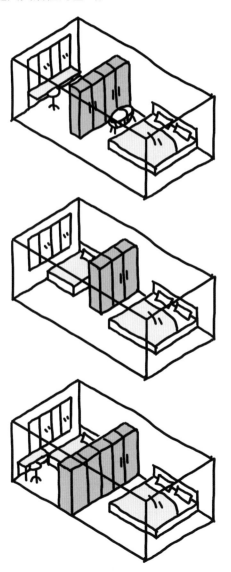

**家长床 + 婴儿床 + 书房**

婴儿床放置在家长床的旁边，让家长可以及时照顾婴儿，而多余的空间可以作为书房

**家长床 + 儿童床**

小孩子和父母的房间设计为连通式的，可以让孩子更有安全感，父母在身边可以让儿童能够更加安心地睡眠，并有利于培养亲子关系

**父母卧室和儿童卧室**

孩子长大了，会具有更强的自我意识，需要更多的私人空间。用柜体完全隔开可以帮助孩子有一个更私密的成长环境

# 空间的组合方式

　　两个房间相邻，且中间没有设置承重墙，这种情况更利于功能的组合变化，如两个卧室可以布置成一个卧室和一个书房的组合形式，或一个卧室和一个儿童童趣空间的组合形式等。不同的功能模块，可以满足家庭成员变化的使用需求。

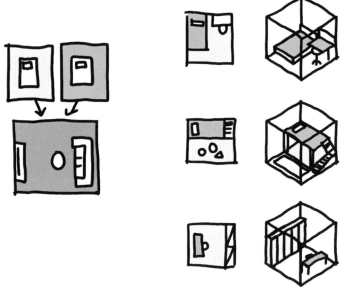

　　动静区域相邻有时容易让孩子的注意力被分散，如将卧室直接连接客厅的设计方式，就容易让孩子受到影响。但若在这之间增加一个过渡空间，虽然这会降低空间的使用率，但却能够为孩子提供一个相对独立、安静的学习环境。

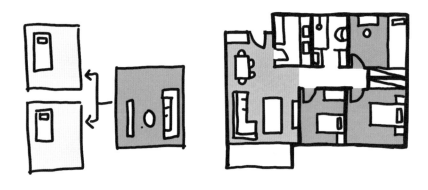

# 不同时期的房间变化

　　孩子的需求是变化的，儿童时期可能更加希望在父母的陪伴下玩耍，因而童趣空间的重心应该放在客厅。等孩子逐渐长大，儿童房的功能需求将更高，如需要增加可用于学习的空间，而等家庭有了二胎或者老人入住时，则需要更多的卧室空间。

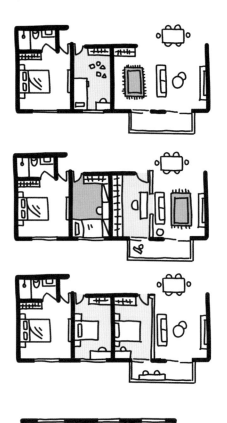

**客厅为主**
在客厅布置更多的儿童活动区域，可以让儿童在家长的陪伴下玩耍

**儿童房 + 书房**
幼儿对于儿童房和客厅的需求逐渐变得均衡。可以将书房和客厅连通，这样即便父母在工作也可以陪伴孩子玩耍或者学习

**两个卧室**
随着孩子年龄的增长，会更需要独处的空间，此时，便需要设计出一个新的卧室作为孩子的房间

**相邻房间的重新组合**

 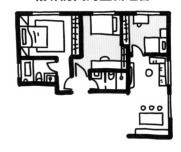

# 第 2 章

# 室内呵护：
## 让房间陪伴儿童成长

## 2.1 入口与玄关 户外活动的"催化剂"

玄关的意义

玄关如何改造

## 2.2 厨房与餐厅 儿童的日常课堂

厨房如何设计

儿童参与烹饪

餐厅如何设计

## 2.3 客厅 亲子活动大场所

客厅加减法

家庭纽带的建立

客厅空间的细节

## 2.4 儿童房 儿童的欢乐场、休息室与学习间

理想的儿童房空间

学习桌的设计

床的设计

双层床的设计

多胎房的设计

## 2.5 阳台 家里的"小桃源"

阳台如何设计

阳台大改造

## 2.6 储藏与收纳 小空间大魔法

儿童物品的特征

儿童物品的收纳方式

全屋收纳

储藏间的设计

## 2.7 卫生间与家务间 家政"后备厢"

卫生间的设计

家务间的设计

# 2.1

# 入口与玄关

## 户外活动的"催化剂"

# 入口和玄关

家是生活的港湾，而玄关则是迎接主人的第一个场所，也是室内外过渡和缓冲的空间。好的玄关既可以提升回家后的舒适体验，让人卸下生活奔波的疲惫，又能帮助主人在出门时有一个从容的心态。

一方面，玄关可以起到视觉遮挡的作用，提高空间的隐蔽性；另一方面，玄关又能彰显主人的品位，给客人留下好的印象，是重要的展示区域；除此之外，玄关是出门时整理着装、取用雨具的场所；也是归家时休息、脱鞋换衣的空间。

随着国民生活品质的提高，入口玄关的布置也深受关注。许多新建住宅都已配备了独立的玄关。部分高端住宅还提供了诸如"女王"玄关、入户花园、独立电梯间等新的玄关形式。而一些没有配备独立玄关的住宅，也可以通过衣橱、座椅、鞋柜等家具来打造一个玄关空间。

那么，儿童友好型的玄关又是什么样的呢？

儿童友好型的玄关应该为儿童的归家和外出做好充足的准备。实际上，儿童大部分的成长还是需要户外活动的，需要在阳光下锻炼、社交以及亲近自然。因此，儿童友好型的住宅设计需要为儿童出去玩耍做好准备，也要为儿童玩耍得满身是泥、大汗淋漓的归家做好迎接。这样，孩子才能在外面玩得尽兴，也才能有更大的勇气去面对外面的世界。

所以，玄关需要具有一定的储藏功能，以收纳儿童常用的带轮玩具、球类等运动器械，以及雨衣雨靴等物品。同时，洗手池应尽量靠近玄关设置，方便儿童回来时能第一时间做个简单的清洗，换洗衣物，以减少细菌、病毒侵入室内。当然，玄关的尺度也非常重要，最好能通过婴儿车和带轮玩具，以及容纳下儿童穿鞋的座椅。

# 玄关的意义

住宅的入口是家庭的第一个场所。中国传统建筑中具有"藏"这一概念，且称入口前的空间为玄关，它是屋内屋外的缓冲与物理分割区域。

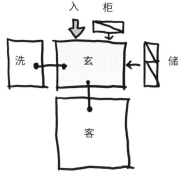

### 日本的玄关

往往有一个小台阶，适合儿童坐下来换鞋，同时玄关的铺装和内部铺装也不同

### 美国的玄关

过去，美国人大部分住在郊区，因此入口往往有一个小的泥巴房（mudroom），方便儿童换洗衣物

### 中国的玄关

中国传统玄关讲求内敛谦逊，强调趋吉避凶，聚气纳吉，往往设置屏风影壁，并展示房屋主人的爱好和品位

住宅的玄关可分为**独立式**、**半独立式**和**非独立式**。

玄关是收纳儿童物品的重要空间，这里存放着儿童大量的外出物品。因此，儿童友好型的玄关设计应以适宜存放儿童用品为主，以满足孩子们的使用需求。

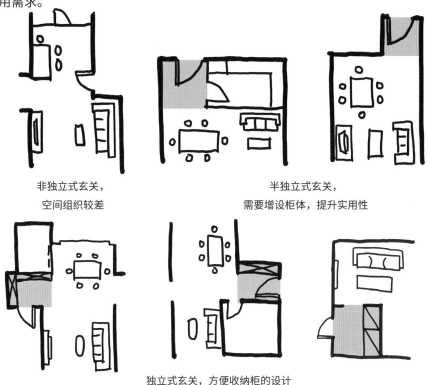

非独立式玄关，
空间组织较差

半独立式玄关，
需要增设柜体，提升实用性

独立式玄关，方便收纳柜的设计

入口增加储藏室是现在儿童友好型玄关的新趋势。

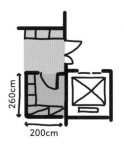

**靠近电梯**

电梯运行会产生一定的噪声，将靠近电梯的一侧作为储藏空间可以减少噪声对室内的影响

260cm
200cm

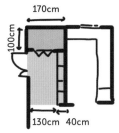

**靠近取水**

此处为和储藏室结合的玄关，同时，储藏间还可以改造为家务间，并靠近取水的房间布置。取水点需要预留改造的空间

170cm
100cm
130cm　40cm

# 欢迎儿童干净回家

　　玄关是迎接儿童回家的场所。因此，一个可以快速收纳玩耍器具，并能提供清洁和换洗的场所，可以帮助儿童养成收纳和爱干净的好习惯。儿童友好型设计让儿童从小摒弃邋遢的习惯，也让父母在这方面少一些担忧。

### 换洗和临时收纳

儿童在外玩耍会带回较多的泥土、灰尘及细菌。作为房屋的第一道屏障，玄关需要帮助儿童迅速收纳户外玩具和提供一定的清洁换洗功能

　　一个挂儿童衣服的矮衣架、掸去灰尘的防尘垫、收纳脏衣服的篓子、换鞋的小凳子、储藏外出物品的柜子是基本的儿童友好型玄关布置方式。这些物件应符合儿童尺度，以帮助他们更好地使用，并养成良好的习惯。

小板凳　　脏衣篓

## 组合式还是嵌入式？

组合式的入口家具如果布置得当，可能会是一道风景，但嵌入式柜体使用更方便，也更易于打扫和整理

## 儿童柜体考虑高一些！

儿童柜体需要能够容纳下小板凳、脏衣篓、足球、滑板等物件，因此，底层和中间层高度可以适当提高，以提供更大尺寸的收纳空间

# 鼓励儿童出去玩耍

儿童友好型的空间设计一方面是要让儿童"享受住进来"，另一方面，也是鼓励儿童"学会走出去"。儿童的潜力和未来是无限的，偏安一隅不如星辰大海。儿童在室外可以得到更充分的社交和运动，享受更充足的阳光和亲近自然时光。

孩子们有许多的大型物件，如婴儿车、儿童自行车、滑板等。儿童友好型的玄关应该鼓励孩子外出游玩，这既需要其提供收纳这些运动物品、出行衣物等的空间，又要让这些物品方便孩子拿取。

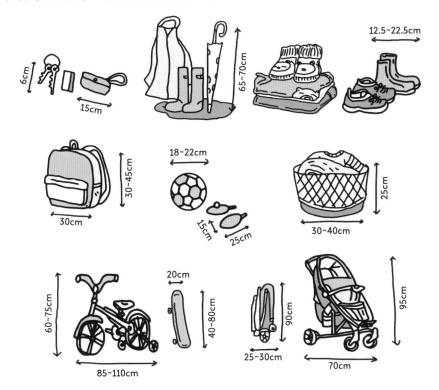

# 入口储藏怎么设计?

　　入口储藏可以收纳儿童户外用品,如婴儿车、儿童自行车、滑板车等大件物品。可以将户型中靠近入口的第一间房间作为儿童成长的"启发器"。目前,许多户型设计已经考虑将洗手间或者储藏室设置在入口处,以使空间动线更流畅。

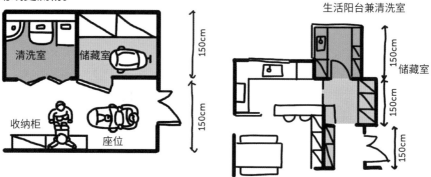

　　与成人有所不同,儿童物品的储藏除了需要增加对大型物件的收纳空间,还需要有更加明显的分类规则,以便让孩子更好地选择和拿取自己出行的用具。

▲
在玄关设计时,不仅要考虑成人的需求,
也应充分考虑儿童的使用习惯

## 更大的灵活格 ▶
上层考虑收纳孩子的婴儿车、滑板车、
书包等大型物品,可以适当放大尺寸。
而下层也至少需要 30cm 以上的高度,
以容纳脏衣篓和球类用品

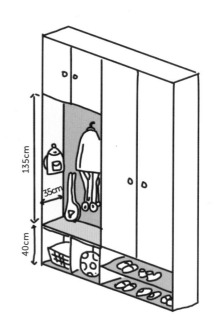

# 双玄关的设计

入口的收纳对于儿童用品的存放至关重要。如果有富裕的空间，可以为孩子专门设计一个儿童收纳区域。

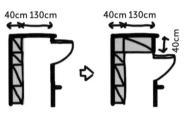

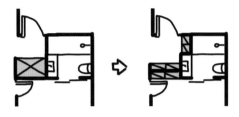

## 门的位置

只要稍微移动门的位置，就可以腾出一个第二玄关，既增大储藏的空间，又对父母和儿童的玄关进行了分区

## 墙的位置

过厚的墙体设计比较浪费空间，此时，只需要移动出 30~40cm 的宽度就可以让玄关的容纳能力有较大的提升

通高的储藏柜固然可以提升空间的收纳能力，但如果有适合儿童身体尺寸的储藏分区，就可以帮助孩子快速找到所需之物，提升儿童的使用体验。

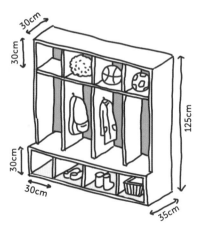

## 长矮柜的使用

长矮柜的上方往往设有挂钩，比起通高的柜体，在视觉上更显轻盈，也更经济

## 儿童玄关柜

贴合儿童身体尺寸的玄关柜帮助孩子快速获取所需物件，并鼓励孩子养成收纳的好习惯

# 玄关如何改造

　　通过软装设计打造儿童友好型玄关是一种较为经济的方式，如引入一些灵活性的儿童收纳设施等。

可折叠架　　　　　　盒子模块　　　　　　　壁龛收纳

　　玄关主要有储藏物品、展示个性、洁污分区等作用。对于孩子来说，可以利用一些灵活的方式提高玄关的使用性，如在入口处布置防尘垫、组合座位、小桌子、收纳筐、壁挂衣钩等。

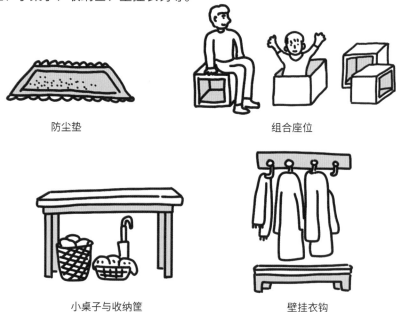

防尘垫　　　　　　　　　　　　组合座位

小桌子与收纳筐　　　　　　　　壁挂衣钩

# 提高储藏能力

一些户型若没有设计玄关，容易造成室外正对饭厅或者客厅的尴尬，此时，可通过定制柜子和平台以围合出一个玄关区域，打造一个缓冲区域以提高空间的隐蔽性和储藏能力。

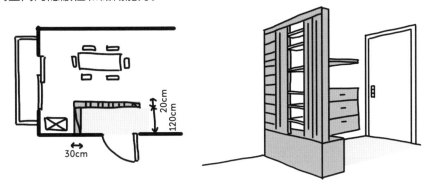

因为大部分户型的玄关、餐厅、起居室、厨房是相连的，因此最好的集约使用空间的方式是打造一个**"储藏核"**。

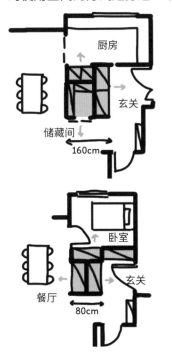

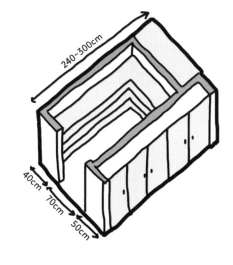

**集约储藏**

这个储藏区的隔墙可以相对较薄，仅需要采用轻质隔墙或者隔板即可，但应朝向每个房间，以便为主人提供相应的储藏空间

# 创造 "空" 空间

　　可在较大的玄关空间设置三个不同高度的柜体组合，其中有两个柜体的高度分别为 30cm、45cm，以及一个用于整理衣衫的柜台，其高度一般为 90~120cm。

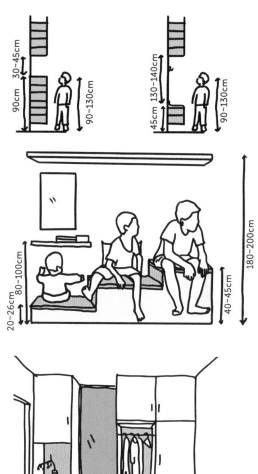

### "空" 空间

在玄关柜里不宜放置过多柜体，这有利于儿童使用

### 错落的台子

不同尺寸的地台可给不同身高的孩子提供临时休息和等待的空间。矮一点的台子可方便孩子穿脱鞋子

### 用隔板代替柜体

虽然柜子的功能在玄关处不可替代，但适当去掉一些面板和隔板对于有孩子的家庭来说也是很有必要的。这既可以缓解柜体的压抑感，又可以给大型的儿童用品提供收纳空间

# 时间的变化

　　通过不同的布置方式，玄关空间存在不同的可能性——既可以是简约的收纳样式，也可以作为临时休憩的区域。而当物品变得更多时，也可以设计更多的储藏空间，以收纳孩子外出的各类物品。

# 厨房与餐厅

## 儿童的日常课堂

# 厨房与餐厅

　　厨房与餐厅为住宅中必不可少的功能区域，是家庭一日三餐制作和用餐的重要场所，也是柴米油盐、厨具餐具储藏的重要空间。设计得当的厨房应该满足各项使用功能的需求，有足够的操作空间和合理的分区。

　　而对于有孩子的家庭来说，厨房既是制作健康饮食的区域，又是生动有趣的儿童课堂。

　　这里不仅可以作为儿童用餐的场所，还可以是其辨别食物、认识食物和学习制作工序的空间。让孩子参与做饭，可以调动孩子的各项感官体验，有利于提高儿童的认知、动手和交流能力；做饭帮助儿童分辨颜色和形状，了解食材形态和营养特性，提升他们对食物的兴趣。孩子在做饭的过程中可以了解到安全知识，学会正确使用烹饪工具，并帮助家长了解孩子的各项能力发展状况。同时，吃饭前的动手"小运动"也可以让儿童吃饭时不挑食、吃得更香。

　　另外，一起烹饪和用餐的过程，也是父母与孩子重要的交流机会，有助于增强家庭凝聚力。每个家庭特有的烹饪食谱可以成为家庭文化的一部分，同时，选择主菜或配料时可以征求孩子的意见，让他们对不同食物进行选择和评价，享受不同的口味。而对儿童成果的夸赞和鼓励可以让其更有成就感、责任心和家庭归属感。

　　对于较大的户型，可以用更多的空间作为烹饪和进食的区域，并设计符合儿童的尺寸，让其有足够的参与空间；而对于较小的户型，将餐厨合一或餐厨客厅三合一，可以有效地节省面积，并让一家人能够在一个场所同时进行工作、娱乐、做饭，促进家庭沟通。

　　当然，厨房也具有一定的危险性，应该为不同年龄的孩子拟定与他们年龄相符的做饭任务，并为他们做好安全防范措施，时刻注意安全教育。

# 厨房如何设计

　　传统的厨房空间布置，以功能性为主，具有清洗、备餐、烹饪、储藏等
基础功能；需要容纳冰箱、水槽、刀具、调料、炉灶、烤箱、器皿、洗碗机等。

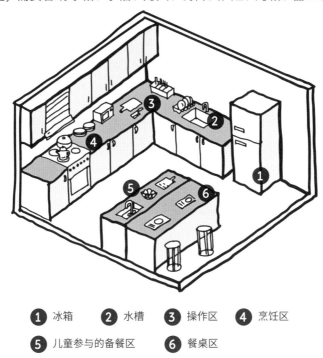

**①** 冰箱　　**②** 水槽　　**③** 操作区　　**④** 烹饪区

**⑤** 儿童参与的备餐区　　**⑥** 餐桌区

　　大部分设施是按照做菜的工序布置的。从储藏食物的冰箱，到洗洁食材
的水槽（期间还需要从储藏区拿出刀具、调料等），再到处理食材的操作台，
再到烹饪食材的灶台（或烤箱），最后是洗碗机。

一般厨房的布局形式有 **I 形**、**L 形**、**二形**、**U 形**等。

I 形一般适用于面积有限的厨房：布局简单，所有功能都在同一水平线上，沿一面墙体设置橱柜。L 形和二形的厨房则提供了更大的操作台面和更强的功能延展性。U 形布局则适用于较大面积的厨房，可提供更充裕的储藏、操作、备餐空间。U 形厨房的利用率最高，但小户型因为空间原因，会出现更多的 I 形或 L 形。

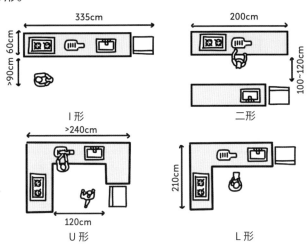

随着生活品质的提升和饮食方式的改变，更多的西厨、开放式厨房、备餐台、吧台、料理室出现。较为开放的备餐空间，可以让父母在烹饪美食的同时，与孩子交流，增进感情，并分享生活经验。

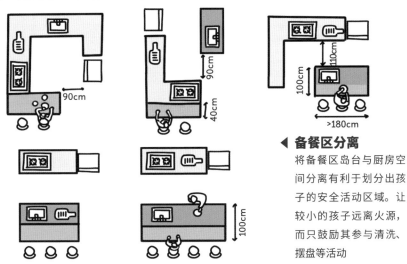

◀ **备餐区分离**

将备餐区岛台与厨房空间分离有利于划分出孩子的安全活动区域。让较小的孩子远离火源，而只鼓励其参与清洗、摆盘等活动

# 厨房空间的延展

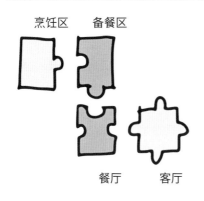

烹饪区　　备餐区

餐厅　　　客厅

　　设计厨房、餐厅和客厅就像拼拼图，对于小户型来说，合理的延展和合并有利于节省空间。

　　有条件的话，将备餐台和清洗台结合在一起，以便让儿童尽可能在备餐区而非烹饪区域活动，保证儿童的安全。

将 l 形布局改造为二形，并增加儿童可以参与的备餐区域

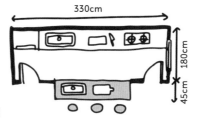

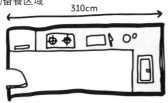

将 L 形布局改造为 U 形，增加备餐台

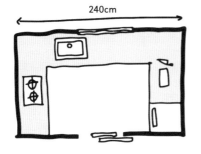

将 U 形布局改造为回字形，增加备餐台

# 厨房空间的安全保障

　　燃气、明火、刀具应远离儿童，或让孩子在家长的陪同下进行操作，以保证孩子的安全。利用备餐台和水槽作为分隔，可以让儿童在安全区域参与备餐制作。在这个区域，儿童可以参与洗菜、摘菜、搅拌等活动。

烹饪区
（对幼儿存在危险隐患的区域）

备餐区
（安全区域，孩子主要参与活动的范围）

　　也可以通过将危险物品摆放在一定的高度，防止儿童接触。针对不同年龄的孩子，将他们难以控制的危险物品远离其可接触的范围。

洗洁用品　　玻璃制品

刀具

燃气阀

灶台

# ■ 儿童参与烹饪

　　厨房不仅是能够烹饪出美味佳肴的地方，也是**家庭教育的重要场所**。其中，备餐和洗碗是儿童可以参与的活动。儿童参与家务，一方面可以提高儿童的生活自理能力，另一方面有助于培养儿童的责任心和荣誉感。

　　父母与孩子的互动越多，学习机会就越多。儿童会对实物有更深刻的感受，通过触觉、视觉、味觉、嗅觉去体验食物。在此活动中，孩子通过观察和不断的尝试，可以让制作食物的过程变得非常有启发性和趣味性。

　　儿童友好型的备餐台和清洗台，应符合儿童身体尺寸，将儿童桌椅与橱柜结合，鼓励儿童参与做饭。备餐台可以采取模块化的设施。如果配备有趣的座位，能让儿童更有兴趣加入到备餐活动中。

# 儿童参与的尺寸

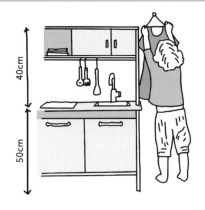

### 儿童厨台

一些符合儿童身体尺寸的小型家具可以让儿童更有参与感。除了能让孩子亲身参与家务，这些小型橱柜、厨具，对于孩子来说也是玩具，孩子们可以在家趣主题的游戏中，体会父母的辛劳，更体谅父母

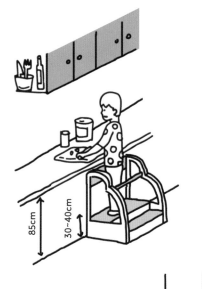

### 儿童楼梯

即便不配置复杂的小型家具，高度合适的小楼梯也可以帮助儿童够到厨具。这些小楼梯应该具备较好的稳定性，以防止孩子跌倒。当然，因为孩子的接触范围变大，那些危险的厨房物品一定要放在更远离儿童的位置

### 叠台式

叠台式的桌椅可以更适应儿童的身高尺寸，避免儿童攀上攀下，这更有利于他们感受用餐的乐趣，从小按时进食，养成不挑食不厌食的好习惯

# 儿童烹饪可以学到什么?

## 操作和控制力

考虑到幼儿的肢体精细运动能力并未完全发育成熟，需要为其提供较为宽敞的操作台。操作台本身就是课桌，通过摆放需要盛放在大小器皿中的食物，可以让孩子学会识别食材

## 动手能力和协作

通过让儿童参与清洗、搅拌食材等简单的劳动，既可以培养儿童的家庭责任感和动手能力，又可以在饭前让孩子适当运动，鼓励儿童进食

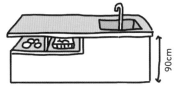

## 辨别力和创造力

儿童通过辨别食物，了解食物特征，可以增长生活知识，并享受菜肴的制作过程。孩子们的好奇心可在与父母的互动中得到及时满足，并与他们一起探索

# 一起烹饪吧

父母在养育孩子的过程中，一项常见的家庭活动便是与孩子一起做饭。从孩子四岁起，就可以每天与孩子一起进行这项有趣的活动，不需要提供特殊的工具，只需要一些常见的物料，如食材、配料、器皿等。

一起做饭可以促进孩子的语言发展，辨别食物的过程可以丰富儿童的词汇量。除了通过提出各种问题来获得知识外，他们还会主动寻找答案、练习沟通技巧等。他们会通过探求事物的基本过程、因果关系、现象本质、对象类型，来满足自己的好奇心。

孩子在这项活动中采取的每一步对其运动技能的发展都很有帮助，如揉捏面团、清洗蔬菜等，这些活动有助于增强对肢体的控制力。烹饪是让孩子学会书写、切割等所需技能的理想方式。

在烹饪时需采取不同的措施来处理食材，这也意味着要将烹饪过程进行分解，让孩子意识到规则的重要性，并探索正确的流程。与此同时，孩子也可以学习阅读食谱，这样他们可能会学到新的知识，有助于提高其成就感。同时，他们也在分配和选择食材的练习中，估量调料的放入量和水量，提高了数感能力。

总而言之，烹饪对孩子们来说不仅是一件非常有趣的事，也是一种极具教育意义和启发性的体验。

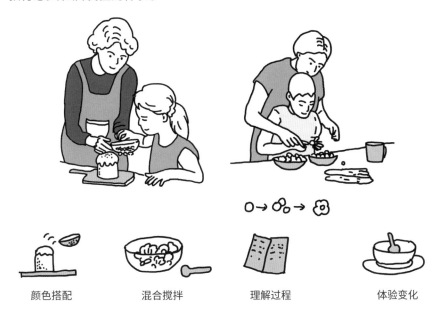

颜色搭配　　　混合搅拌　　　理解过程　　　体验变化

# 室内的视线安全

　　连通厨房和客餐厅的设计，能够有利于父母一边做饭一边照看儿童，增加亲子间的交流机会。不同功能区域间可采用玻璃材料作为间隔，以帮助家长了解儿童的即时动态。

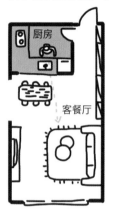

父母做饭
**厨房面**

**餐厅面**
儿童吃饭、学习、玩耍

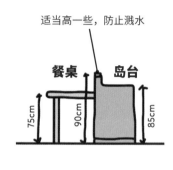

适当高一些，防止溅水

**餐桌**　　**岛台**

75cm　　90cm　　85cm

**开放式厨房**
许多欧美家庭常采用开放式厨房的格局，孩子们可以在餐桌上写作业，岛台可以作为父母做菜和儿女沟通的一个"桥梁"

玻璃窗

**半封闭式厨房**
为了防止油烟，中国家庭一般采用封闭式厨房。不过，如果采用玻璃分隔，可以让父母能够观察到孩子的活动，增加双方沟通的机会

# 室外的视线安全

　　儿童的成长需要丰富的室外活动和充足的阳光。因此，如果能够设置从厨房看到小区活动区的窗户，可以加强儿童在外玩耍的安全保障。而儿童知道父母正在厨房注视自己玩耍，也会更有安全感。

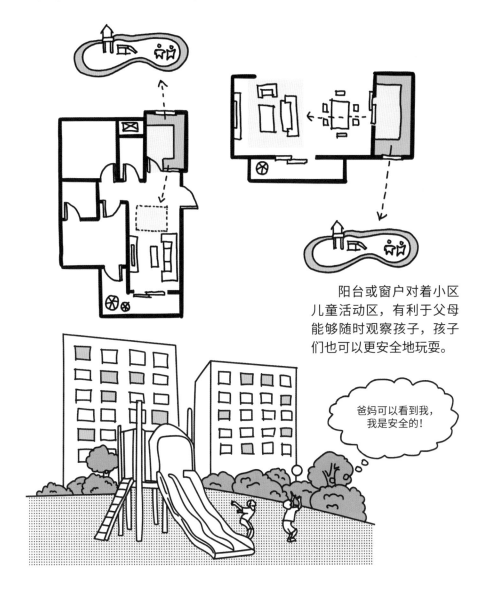

阳台或窗户对着小区儿童活动区，有利于父母能够随时观察孩子，孩子们也可以更安全地玩耍。

爸妈可以看到我，我是安全的！

# ■ 餐厅如何设计

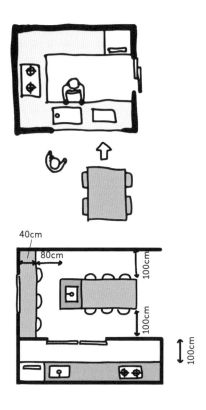

餐厅和厨房是"一对好朋友"。餐厨一体化可以让厨房和餐厅结合得更加紧密，同时节省内部空间，也更能增近家人间的交流。

利用墙体空间，在餐厅增加水槽，形成餐厨一体空间

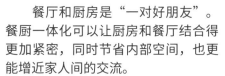

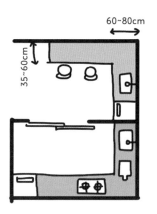

将厨房空间延展到餐厅，形成面向墙体的用餐区和储藏区

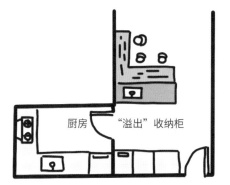

厨房　　"溢出"收纳柜

餐厨一体化的设计中，重要的一点是如何将餐厅和厨房的空间结合在一起。这种结合可以是视觉的紧密联系，也可以通过橱柜和餐桌的一体化设计，让厨房空间**"溢出"**。

溢出区常可用作儿童的备餐用餐区，可以让孩子在父母做饭时，与父母有更多的互动。

# 餐厅的各种组合

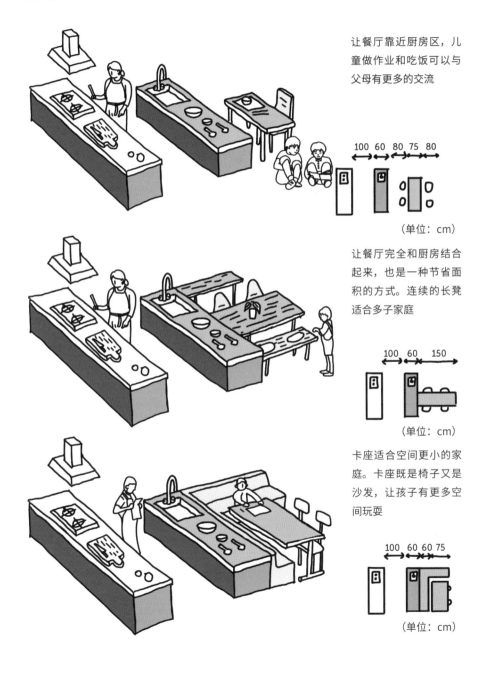

让餐厅靠近厨房区，儿童做作业和吃饭可以与父母有更多的交流

100 60 80 75 80

（单位：cm）

让餐厅完全和厨房结合起来，也是一种节省面积的方式。连续的长凳适合多子家庭

100 60 150

（单位：cm）

卡座适合空间更小的家庭。卡座既是椅子又是沙发，让孩子有更多空间玩耍

100 60 60 75

（单位：cm）

# 促进交流的空间

　　厨房和餐厅是家庭的"心脏"，在这里家人一起做饭、用餐，享受彼此的陪伴。儿童友好型厨房将每个人聚集在一起，有足够的空间供家人聚集，宽敞的厨房岛（带一些舒适的凳子）让孩子可与做饭的父母聊天，促进家庭成员间的交流。

在备餐台侧面可以布置儿童涂鸦墙，让儿童有更多机会和父母在做饭时进行互动。同时备餐台的尺度需符合儿童身高

一家人一起摆放食物的过程既能让孩子懂得秩序，又增近家人间的交流。相比于方桌，圆桌的互动性更强

# 学会用 "靠" 来节省空间吧

　　较小的房间，更需要合理布置厨房。大的户型就像大海，想怎么漂流都可以！但小的户型，船靠岸了才能节省更多的空间。结合墙面和柜子做卡座，以及折叠桌椅可以节省很多空间。

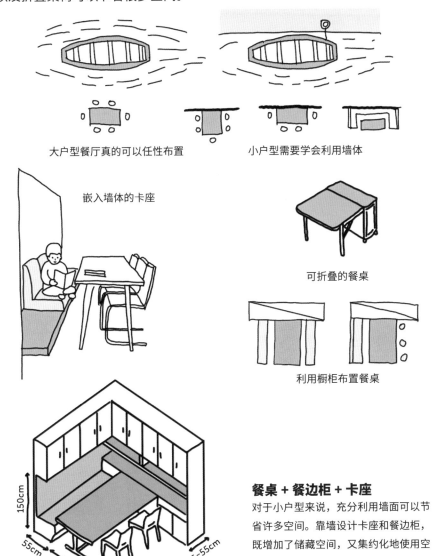

大户型餐厅真的可以任性布置　　　　　　小户型需要学会利用墙体

嵌入墙体的卡座

可折叠的餐桌

利用橱柜布置餐桌

**餐桌 + 餐边柜 + 卡座**

对于小户型来说，充分利用墙面可以节省许多空间。靠墙设计卡座和餐边柜，既增加了储藏空间，又集约化地使用空间，提供了多样化的使用场景

150cm　55cm　80cm　35~55cm

# 餐厅的设计细节

　　儿童的精细运动能力并未成熟，吃饭时容易泼洒出饭菜，打扫起来不是一件容易的事。因此，餐厅需采用易清洗的地面材料，以及耐磨且易收拾的桌椅。

用餐区功能多样，可在此做作业、游戏和进行手工制作。对于较小的户型，如果不能在儿童房提供相应的功能，那用餐区一定是一个好的替代选项！较长的桌椅可以替代书房和儿童房的不少功能。父母和孩子一起工作、学习也能促进家庭和睦。

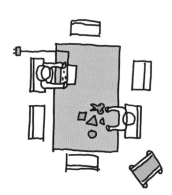

**大桌面 + 收纳 + 电源**
较长的桌面能够容纳多人同时使用，但需配备足够的插座，供计算机和台灯使用。另外，餐厅也应该提供相应功能的收纳空间

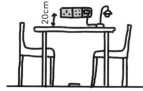

**地插座和桌边插座**
尽量避免地面的明线插座，防止绊倒儿童

**餐边柜插座**
为各种儿童辅食小电器供电。餐边柜可以专门用于收纳奶瓶、温奶器、小型饮水机等

# 桌椅的尺寸

合适的尺寸有利于儿童的骨骼成长，因而儿童桌椅的尺寸非常重要。

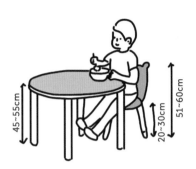

儿童专用桌椅适合有多个孩子的家庭使用，但却减少了家人间共同用餐和相互交流的机会

可调节桌椅更适合儿童参与一家人的用餐时光，多用于低龄阶段

通过坐垫调节椅子高度是一种灵活的方式，但略微缺乏稳定性

下沉式和榻榻米的组合也是一种方式，不过打扫较烦琐，且硬装改造力度较大

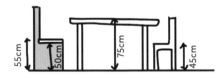

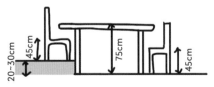

可以适当提高卡座的高度，让孩子更好地使用。50~55cm 高的卡座较为常见，且不会影响成人使用

利用地台不失为一种增高座椅的方式。通过高度调整，孩子能更容易够到桌面，也更容易清洁

# 客厅

## 亲子活动大场所

# 客厅

客厅常布置的家具有电视柜、沙发、茶几等，是主人会客和交流的主要场所，也是居家看书和娱乐的休闲场所。

目前的客厅不再局限于以往的基础功能。随着时间的变化，人们的爱好、习惯也在发生变化，客厅的作用变得更加多元。虽然，客厅仍然可以作为家庭活动的核心区域，但作为客厅"三剑客"的茶几、沙发、电视是主角的时代却在逐渐消退。部分年轻人习惯在外聚会，回家更多的是休息，客厅则更需要作为家庭娱乐和放松心情的场所。而另一部分年轻人则将客厅当作朋友聚会和社交的场所，更注重客厅的活动属性和运动空间。

对于儿童来说，客厅是每天主要的活动区域，也是进行家庭娱乐、亲子活动的重要场所。孩子可以在客厅玩耍、学习、运动、交流。较大的客厅可以给予孩子更加灵活和自由的空间，让孩子能够有更多提升技能的机会。另一方面，客厅能提供更多家人共处的机会，父母工作、娱乐的同时也可以陪伴孩子玩耍和与其互动，让家庭关系更加融洽。

儿童友好型的客厅设计，应更强调灵活性、舒适度、社交性。灵活性是让儿童有更加自由的活动空间，并随着儿童成长可以相应地进行调整改变；舒适度意味着优质的采光和通风环境，并配以温和的色调、干净的地面和较少棱角的家具；社交性则强调客厅设计能够为家人相处提供更多互动的机会。

空间上，客厅在整个房间处于最为核心的位置，对于小户型来说可以替代其他房间的部分功能，也是儿童活动最为重要的场所，如果设计得当，可以成为孩子一天中待得最久、获得最多成长的区域。

# ■ 客厅加减法

　　传统的客厅设计对于儿童来说，可能存在许多安全隐患。有了孩子之后，空间的设计更需要从儿童的角度出发，以便为其提供一个安全、舒适的成长环境。

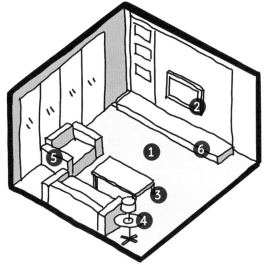

| ① 较小的儿童活动范围 | ② 客厅布置的重点在电视机 |
| ③ 较多棱角的家具 | ④ 容易倾倒的家具 |
| ⑤ 占用过多空间的沙发 | ⑥ 容易绊倒孩子的地台 |

　　目前，"客厅+"的装修类型逐渐成为客厅设计的热门选项，如动线简约的客餐一体化，颇具学习氛围和文化气息的客厅+书房组合，与阳光"亲密接触"的客厅+阳台组合，与儿童房"牵手"的活动场所，以及延展出第二客厅的客厅设计方法等。

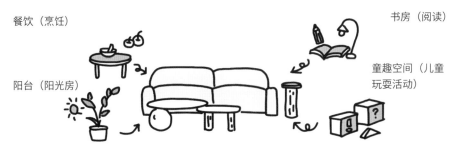

餐饮（烹饪）　　　　　　　　　　　　　　　　　　　　书房（阅读）

阳台（阳光房）　　　　　　　　　　　　　　　　　　　童趣空间（儿童玩耍活动）

# 客厅做加法

　　客厅做加法，如增加书房的功能，可以使客厅更具学习和思考的氛围，让儿童从小成长在书香的熏陶之下，养成爱看书的好习惯。大量的柜子也可以提供丰富的收纳功能，帮助家庭储藏大量的儿童用品。

① 较大的儿童活动范围　　② 较小的圆形茶几

③ 灵活使用的座椅　　④ 方形侧桌

⑤ 书柜墙＋电视柜　　⑥ 嵌入式电视

　　对于较大的户型来说，客厅可以提供较大的空间作为整个家庭的核心区域，也为一家人的共同成长提供更多的机会。而对于较小的户型，客厅可以尝试和不同的房间结合，组合出新的形态以提供更多的家庭体验。

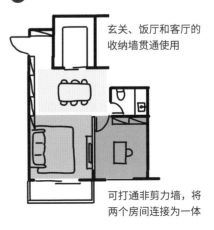

玄关、饭厅和客厅的收纳墙贯通使用

可打通非剪力墙，将两个房间连接为一体

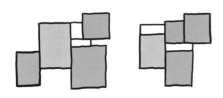

## 客厅做减法

　　客厅布置太多的家具会影响儿童使用的空间，容易让儿童磕碰到桌椅、打碎器皿和注意力被分散。不妨将这些物品都移走，换上精致小巧的家具吧！足够大的玩耍空间和开放性的玩具能够更好地锻炼孩子各项能力，也可以避免孩子玩耍时发生碰撞。

　　移走了这些还不够，**做完减法还需要做加法**。零散的家具和四处摆放的玩具让人心烦意乱。客厅的收纳势不容缓！

# 大桌子！试试以桌子为主的客厅

不如在客厅设置一张大长桌，这不但让客厅和餐厅显得紧密，也让一家人都在一个空间活动，加强相互间的交流变得可能。

当居家办公逐渐成为新的潮流时，一张既可以吃饭，又可以工作，还可以用于开家庭会议的长桌子，可能是一个更好的选择。

## 核心长桌

较小的户型，正中摆上一个长桌也不会显得突兀。同时，长桌让客厅有了一个视觉焦点，为一家人在这里共同活动和相互交流提供更多的机会

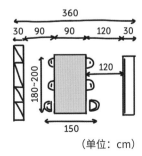

（单位：cm）

# 客厅 + 书吧

对于学龄前的儿童来说，卧室主要是睡眠的场所，而主要的活动场所还是客厅。因而，若客厅能提供较多儿童配套设施，可以鼓励其更多地参与到技能学习的过程中。

### 寓教于乐

放上学习用品、沙盘、玩具储藏格、开放式大型玩具等是一种儿童友好型的客厅布置方式，这可为儿童提供快乐学习、成长的场所

儿童减压沙盘　　　玩具储藏格

### 极简书屋

客厅设计成书屋，再布置一面黑板墙，整体装修风格显得简约又不失趣味。这种方式充分利用了墙面，节省空间的同时也让孩子的想象力和创造力得到发展

儿童黑板或黑板墙贴

### 迷你书厅

小户型不妨用书柜作为分隔房间的隔断，同时利用投影仪节省电视墙的空间，以此打造一个迷你书厅

书架墙

# 书架是客厅的好朋友

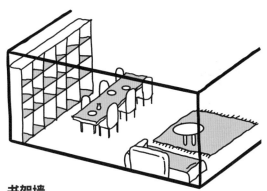

## 书房式客厅

书房式的客厅对于套三户型来说比较适用。客餐厅 + 书房的组合，便于家长在忙于工作的同时还能陪伴孩子

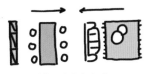

横厅成为新趋势

## 书架墙

对于较小的空间，一个窄型的书架墙也可以增添很多书香气息。这种书架墙的书往往是以封底靠墙放置，让孩子更容易拿取

这种墙的好处在于只占用很小的空间

3~5cm

## 读书氛围

书不仅可以拓宽儿童的眼界、帮助其沉下心集中注意力，其本身也是房间的装饰。有围合的书架书柜让空间不再单调

围合的空间更有沉浸感

# 如何布置客厅家具?

## 1m 以下小家具

一些和儿童身体尺寸相符合的家具可以让儿童更有亲近感。较矮的储藏柜也可以让儿童更容易拿到玩具收纳盒

0.93H

(H 为儿童身高)

## 墙面展示

利用好墙面可以增加客厅的储藏功能。同时,墙面和柜体上方都可以作为儿童作品的展示区域,让儿童更有成就感

## 安全场所

柜子和沙发围合出的以地毯为中心的区域可以给孩子更多的安全感。让阅读和玩耍变得更加舒适

0.42H

40cm

# 墙面如何统一打造？

　　充分利用墙面空间有助于客厅以最小的空间来实现不同的使用功能。通过对墙体的打造，也能够体现主人的品位。对于孩子来说，客厅是他们活动的重要区域，提升其功能性有利于提高儿童的使用体验。

## 展示与陈列

墙面是展示儿童绘画作品的重要场所，可以在其上设置画框和储藏盒等，为孩子提供更丰富的儿童配套用具

## 书籍与收纳

书柜型电视柜可以提供强大的储藏功能。电视墙只需要 45cm 的厚度就可以帮助客厅提供更多的收纳空间

## 互动与学习

可绘制的黑板墙面可以让儿童将每天的所见所闻记录下来。而家长也可以在旁工作，以身作则地鼓励孩子共同学习

## 休息与储藏

地台可以提供一定的休息区域和储藏功能。沿着墙面布置的搁板可以提供收纳和展示的功能

# ■ 家庭纽带的建立

　　儿童友好型的客厅，应该给儿童提供充足的空间。尤其对于小户型来说，如果儿童房不能提供足够的面积，那么其更多的是作为儿童阅读和睡觉的区域。因而，客厅就更需要设计为能为儿童提供丰富的玩耍空间和使家庭更加紧密的场所。这个空间需要满足儿童的基本活动需要和提供更多技能发展的机会，如增设柔软的地毯、更舒适的沙发、充足的儿童用品储藏空间、画架等。

　　共享一个大房间可以提高家庭的亲密感。父亲在客厅办公，母亲在看书，子女在客厅玩积木或做作业。一家人共享一个环境，有利于**以身示教**，让孩子耳濡目染，培养良好的学习和生活习惯。同时，还能激发家庭成员的合作能力。

**朱自清的《背影》**

从平凡的生活细节中，孩子感受到了父亲的关怀和爱护，体会到了父爱的伟大。如果空间能够提供更多家人相处的机会，也会让孩子更加理解父母，学会体谅父母

**一起工作！**

与其刻意守着孩子做作业，不如以身示教，营造浓厚的工作和学习氛围，让孩子也体会到工作和学习的魅力，共同成长。有父母作为榜样的教育比简单的说教更有力

# 一起学习和玩耍吧

家庭是孩子的终生课堂。父母的陪伴，让孩子更有安全感；但过多地介入又会让孩子难以自立。因此，**被动式的陪伴**有时会更具感染力，只是以身作则地引导、单纯的陪伴以及鼓励，让孩子独立完成大多事情，以为其自我发展提供更多的机会和可能。

### 打通空间

把书房和客厅打通的设计方式，不仅可以让孩子能够感受到父母更多的注视和关爱，也会让整个客厅空间显得更大

### 家庭教育

客厅是家庭教育的重要"教室"，可以摆放丰富的学习用具，以为亲子教学提供更多的可能

### 共享空间

较小的客厅可以不用设置长茶几，而是直接将这块区域作为父母和孩子共同玩耍的区域，让其尽情享受亲子时光

# 节省空间的卡座

　　对于较小的空间来说，连通的卡座和可靠墙布置的桌椅是节省空间的妙物。它们紧邻墙体，提高了墙面的利用率，从而腾出了更多的空间给中心区域。

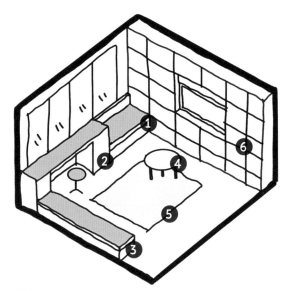

| ❶ 沙发型卡座 | ❷ 靠墙的桌椅 |
| --- | --- |
| ❸ 长椅型卡座 | ❹ 灵活移动的桌子 |
| ❺ 儿童玩耍区域 | ❻ 储藏式电视墙 |

### 以活动为舞台

将所有家具布置在四周，可以打造出面积足够的中间区域，这将成为整个家庭活动的重心和"舞台"。儿童也会在玩耍的时候充分享受到父母的陪伴

卡座不仅可以提高客厅的空间利用率，其下方还可以作为储藏空间，再配合可以灵活移动的家具，可以搭配出沙发茶几和桌椅组合。

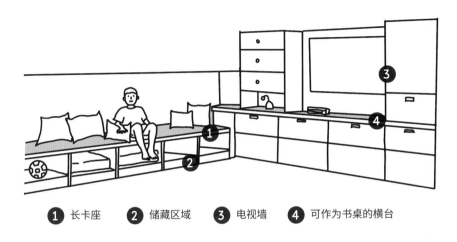

**1** 长卡座　　**2** 储藏区域　　**3** 电视墙　　**4** 可作为书桌的横台

## 和单独物件的结合

卡座组合的精髓在于有可以灵活移动的家具。卡座可以配合小茶几、小桌子或独立沙发组合成传统的功能模块

卡座配合独立沙发可替代多人沙发，以节省空间

90cm　100cm

## 卡座组合

通长布置的卡座可以同时作为餐桌椅和沙发。这种方式对于较小的房间来说可以有效地节省空间

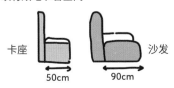

卡座　　　　沙发

50cm　　90cm

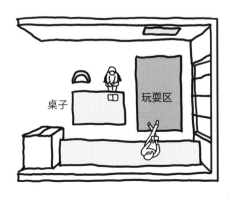

桌子　　玩耍区

# ■ 客厅空间的细节

　　许多家庭常通过设置地台以丰富客厅空间的层次感。但实际上，较小的地台对于孩子和老人来说存在着安全隐患，容易因为没注意到而被绊倒。当然，设计得当的地台可以让客厅空间更加丰富，这块限定的区域可以成为家人聊天和孩子阅读的场所。

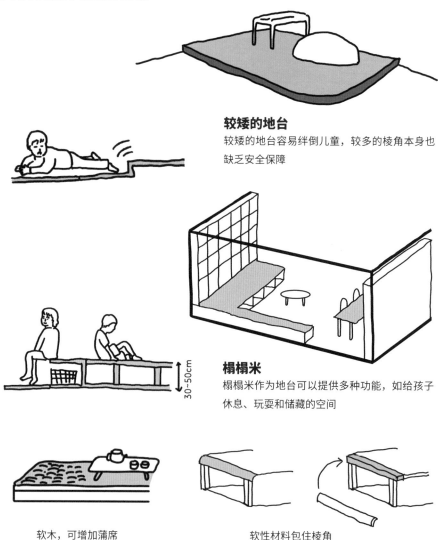

**较矮的地台**
较矮的地台容易绊倒儿童，较多的棱角本身也缺乏安全保障

**榻榻米**
榻榻米作为地台可以提供多种功能，如给孩子休息、玩耍和储藏的空间

软木，可增加蒲席　　　　　软性材料包住棱角

# 减少噪声影响的小妙招

儿童活动的空间对隔声方面的要求较高。一方面，儿童玩耍容易发出较大的声音，容易影响邻居；而另一方面，外界的噪声又很容易影响儿童的生活和学习，对其注意力、记忆力、阅读和睡眠有消极的影响。

地毯和毛绒制品

榻榻米或经过隔声处理的木地板

悬挂地毯或布料

在书柜后设置隔声板或吸声泡沫

### 在**顶棚、地面、墙面和门窗**

这些位置做一些隔声措施，有利于营造更加安静的环境

　　房间里可以增加一些隔声措施，如窗帘、墙面挂毯、地毯、隔声地板、隔声墙、封窗条等。毛绒玩具、悬挂的艺术品、植物也有一定的吸声作用

选择带框或带有橡胶背衬的艺术品

选择隔声门窗、挡门器和封窗条、隔声窗帘

# 沙发怎么选？

房间大小是确定沙发尺寸的主要因素。沙发为儿童提供了一个"大型游乐场"，孩子除了可以坐在沙发上，还可以在这里蹦跳、攀爬、平躺和翻滚。因而，一个稍大的沙发不仅可以满足一家人的休息需求，同时也是亲子"欢乐场"。除了常见的沙发外，许多不同形态的沙发可以带来不同的空间感受。

**L 形沙发**可以提供半围合的空间感，营造一种城堡的效果。
孩子在中心区域玩耍将有更多的安全感

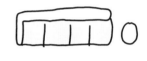

**少一个沙发边的沙发**，方便孩子从侧面攀爬上沙发，
同时侧面也可以和桌子组合，方便摆放和收纳物品

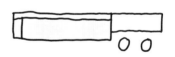

**卡座型沙发**能更好地利用墙面，同时也可以和桌子结合，这不仅能节省空间，
还能丰富空间功能

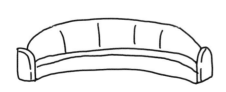

**弧形沙发**可以两两组合为一个围合区域，为家人互动提供更多的机会

# 沙发与桌椅的搭配

对于较小的户型来说，过大的沙发和桌椅会占据太多的空间，不利于孩子活动。因而，根据房间大小，应该采用不同尺寸的沙发和桌椅。

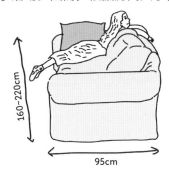

**长沙发**给人放松的感觉，但不可避免地会占据较多空间

**茶几**可能不利于孩子以正确的坐姿学习

**单人沙发**可灵活摆放，多个单人沙发的组合其实用性常常高于一个多人沙发

**饭桌**对于孩子来说较高，但家具的利用率却有所提升

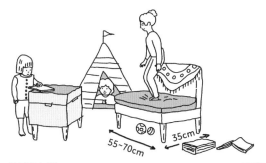

**儿童沙发**，契合儿童的尺寸，适合孩子在客厅看书、活动时使用，让孩子更有参与感

**可调节的儿童桌椅**，将其设置为适合小孩子的桌椅高度，提高孩子使用的舒适性

# 儿童活动区域的布置

　　传统的家庭布置提供给儿童的活动空间并不多，通常只有客餐厅之间的间隙。对于有孩子的家庭，放弃茶几或许是一种更加实用的布置方式。

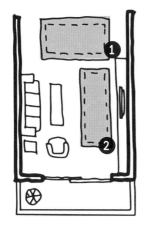
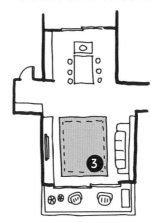

**①** 客餐厅间的间隙　　　**②** 茶几和电视间的间隙

**③** 去掉茶几后，餐厅、客厅、阳台形成通廊

　　扩大的竖厅和横厅可以在不放弃传统布局的同时，提供更多的儿童活动区域。

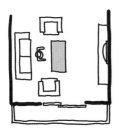
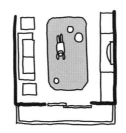
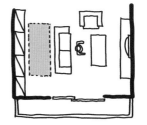

原茶几位置成了客厅中心　　　儿童活动区域是客厅核心　　　扩大客厅兼顾多项功能

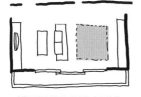
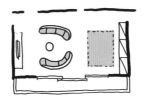
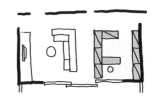

横厅提供儿童活动区域　　　更加连贯的布局方式　　　未来孩子长大了，可以隔出书房

　　儿童活动区域是有孩子的家庭的核心区域之一。因而，根据不同的户型，需要"因地制宜"来打造儿童活动的空间，让孩子有更多的机会玩耍和发展自我。

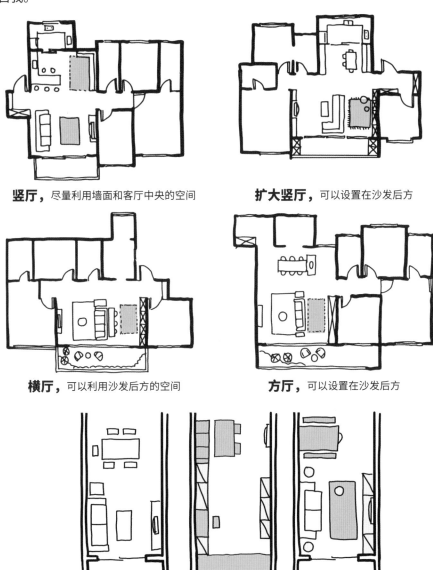

**竖厅，**尽量利用墙面和客厅中央的空间

**扩大竖厅，**可以设置在沙发后方

**横厅，**可以利用沙发后方的空间

**方厅，**可以设置在沙发后方

**小户型，**尽量利用墙面，让家具靠墙布置，中间可以用蒲团、
移动推车、小边几等补充空间功能

# 儿童房

## 儿童的欢乐场、
## 休息室与学习间

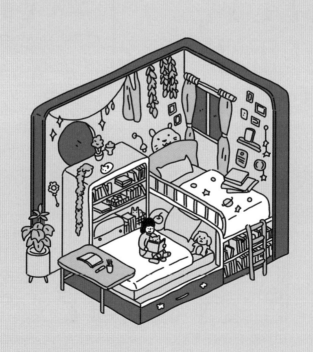

# 儿童房

　　儿童房既是儿童休息的空间，也是儿童玩耍和学习的场所。儿童房的设计，关系到儿童的成长心态、学习体验和睡眠质量。

　　当然，关于儿童房的设计，设计师们也有着不同的想法：一部分设计师提倡以一定的童趣主题来装扮儿童房。这种方式可以让儿童有更加沉浸式的感受，让儿童在有趣的环境里成长，释放儿童的想象力。适当的主题布置可以满足儿童的兴趣，但装饰也不能过于花哨以免影响儿童的学习和睡眠。

　　而另一部分设计师则认为儿童很快就会长大，应该利用成人尺度的家具进行改造，以便于孩子成长各阶段的使用；同时，适当地留白，能让儿童自主地装饰空间，以充分发展其创造力和审美观。根据联合国儿童基金会统计，儿童成长最快的时期是 1~6 岁，因而幼儿床很可能用几年就会被淘汰。所以在预算范围内，应考虑儿童的成长性，挑选一些更加经济实用的家具。

　　不管是持有哪种观点的设计，家长们都希望能为孩子创造一个舒适的成长环境。儿童友好型的空间设计能够让孩子在儿童房有更加舒适的感受，能够尽情享受在儿童房里的每个时刻。

　　我们将从儿童房打造的通则、不同户型的儿童房设计要点等方面谈一谈儿童房的设计，旨在创造一个具备启发性和想象力的房间，并能顺应儿童的成长特点和需求。

　　实际上，对于儿童房设计最基本的原则是：如何利用有效的空间将儿童所需的一切容纳进来？如床、衣柜、学习桌椅、玩具等，这都取决于我们如何划分空间和组合家具。我们还可以通过很多小技巧让其充分发挥自身功能，以满足儿童的不同需求。

# 理想的儿童房空间

　　理想的儿童房需要具备足够的自然光和新鲜的空气，以利于儿童专注学习和深度睡眠。同时，儿童成长需要各式的玩具、学习工具、书籍等，所以强大的收纳功能也是儿童房必不可少的功能。

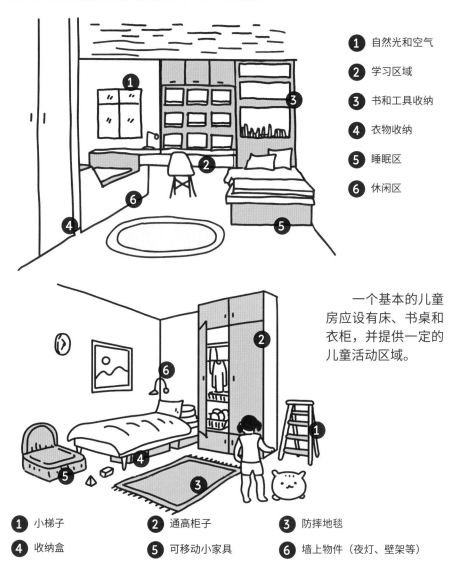

**1** 自然光和空气

**2** 学习区域

**3** 书和工具收纳

**4** 衣物收纳

**5** 睡眠区

**6** 休闲区

　　一个基本的儿童房应设有床、书桌和衣柜，并提供一定的儿童活动区域。

**1** 小梯子　　　　　**2** 通高柜子　　　　　**3** 防摔地毯

**4** 收纳盒　　　　　**5** 可移动小家具　　　**6** 墙上物件（夜灯、壁架等）

# 空间的叠合

对于大户型来说，儿童房较好布置，一般将床放在中心位置，将书桌等放在床头一侧，这样左右两侧都可以留出较大的活动空间。足够的空间可以让孩子在其中无拘无束地玩耍，并且可以提供较多的收纳空间。

不过，现在很多家庭的儿童房并没有理想的空间大小。这就需要灵活地利用空间，即不但要让家具尽量靠墙布置，更要加强各功能的连接性，甚至在空间上进行叠合。

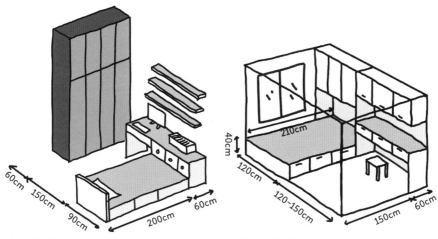

**家具的结合**

将桌椅或储藏柜与床进行结合是常用的节省空间的方式

**家具的叠合**

尽量利用床下和墙体空间，以增加储藏和使用空间

# 学习桌的设计

　　学习桌将伴随孩子很长时间，孩子会在这里学习、思考以及发展其他技能。因此，课桌要有**"仪式感"**，让孩子坐在学习桌前更容易感受到学习的乐趣。在这里，孩子"打怪升级"和"获得技能"，在与各种学业难题的决斗中，其对学习的兴趣和汲取知识的成就感得到逐步的提高。

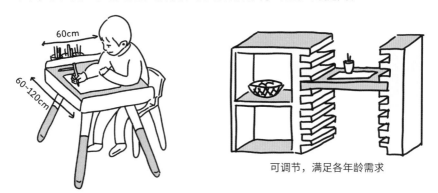

可调节，满足各年龄需求

### 小课桌和变化课桌

独立的小课桌更适合孩子的尺度，如果预算充足，可以在孩子不同阶段换成不同大小的课桌。但孩子成长很快，能灵活调节高度的课桌更能适应这种变化

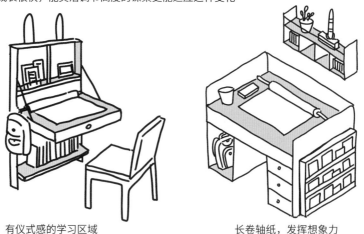

有仪式感的学习区域　　　　　　　　　　长卷轴纸，发挥想象力

### 学习的仪式感！

一个独立的课桌更有学习的仪式感，鼓励孩子更专注地投入到学习当中。这就像孩子的战斗舱和城堡，需要孩子充分发挥主动性来积累"战斗力"和用心打理"战场"

# 一起学习的氛围！

一起学习对孩子来说是有利的，孩子们可以一起分享知识和鼓励彼此。儿童的注意力集中时间通常较短，但小组学习提供了一种更生动的学习方法，激励孩子更加努力学习。

**长课桌**

与同龄人共享空间将帮助孩子掌握更多的技能和学习模式。长课桌有利于提供共同的学习环境，以及与同龄人分享问题解决方案的机会，培养孩子与他人协作的能力

**共同学习桌**

学习小组为孩子提供分享想法和知识，以及接触新的技能和其他创新思维方式的机会。同时，一起学习还可以缓解孩子对于学业的焦虑。共同学习桌帮助孩子们组建学习小组，有助于建立团队精神，培养互助意识

**二孩的课桌**

一个好的课桌有足够的收纳空间，也有足够的展示区域。孩子们可以自由地装扮课桌，同时也能更快地找到他们的学习工具。孩子们有许多的奇思妙想，他们可以用在课桌的布置上。丰富的环境有利于激发儿童新的想法和技能，发展创新的思维方式

# ■ 床的设计

　　床的尺寸和材质都影响着儿童的睡眠质量，进而影响其行为活动。在摆放床时，需要考虑房间的面积和长宽比，以及家庭的预算和计划换床的时间等因素。

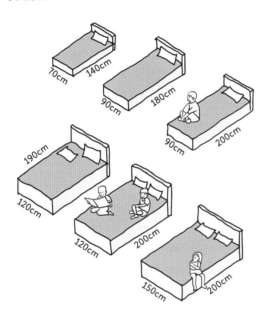

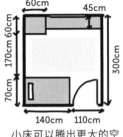

小床可以腾出更大的空间给幼儿玩耍

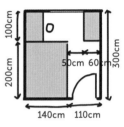

大床会占用较多空间，剩下的区域仅可用作学习区和储藏空间了

## 特殊的学步床

一旦孩子离开婴儿床，就可以为其准备一个有趣的学步床。这样的学步床离地面近且内置护栏、体积小，容易被幼儿接受

## 单人床改造成幼儿床

虽然学步床有很多好处，但孩子很快会长大，节省造价的方式是对单人床进行改造，增加护栏和小爬梯保证儿童安全。同时，增加床罩可以让幼儿更好地适应新床

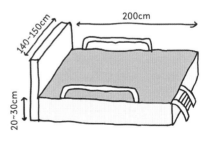

# 床的变化

　　儿童的年龄很大程度决定了床的样式。随着孩子的长大，他们的需求也在发生变化。例如，年幼的孩子通常会花更多的时间在游戏上，因此，地板空间通常比摆放一张可爱的大床更重要；而对于稍大的孩子，活动空间可能变为了客厅和户外，因而卧室的学习空间和睡眠空间又显得格外重要了。

**婴儿期**
婴儿床体积小，往往设在父母卧室

**幼儿期**
孩子更多时候在地板上玩耍，所以需在儿童房或者客厅设置活动区

**儿童期**
孩子参与更多室外活动，儿童房的储藏功能变得更加重要。床也变得更大

**青少年期**
儿童房需要提供优质的睡眠条件和舒适的学习环境

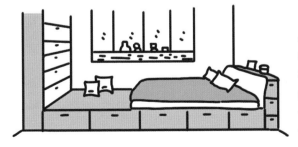

### 什么床容易应对变化？
榻榻米对于预算较少的家庭来说不失为一种好的方式。一方面较矮的床高保证了孩子的安全；另一方面这样的床也容易改造和移动，可根据不同需要来布置

# 幼儿床怎么设计？

普通的幼儿床尺寸为 70cm x 140cm，因而将婴儿床改造成幼儿床比较容易。儿童学步床可以直接放置在地板或较低的位置上，以便于通过学习和娱乐来鼓励儿童的独立性。

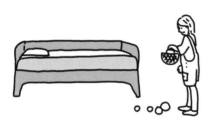 

如果房间空间的确有限，则可以考虑将床沿墙面布置成沙发床，或者与课桌、柜子等家具结合，这样可节省一定的空间。

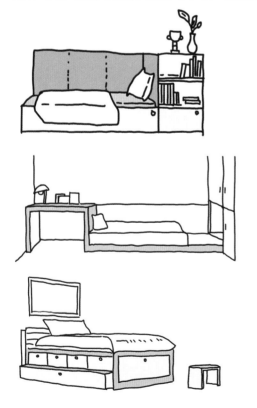

**沙发床**
幼儿床体积较小，可以与沙发、卡座等结合起来，减少对活动空间的占用

**榻榻米 + 书桌**
利用床体将书桌和衣柜结合起来，并沿墙布置，可节省较多空间

**抽屉床**
适当抬高床可增加其储藏功能。不过，对于较小儿童使用的床建议增加扶手，因为抽屉床的高度通常大于 30cm，需避免儿童从床上掉落摔伤

# 让床变得有趣

　　根据儿童的性格将床打造成不同风格，如具有冒险意味和探索乐趣的床、可以方便运动的床、与图书收纳结合的床等。有趣的床可以为孩子带来一种**就寝仪式感**，帮助孩子制订合理、健康的就寝时间表。

## 童话语言

增加一些标志性的建筑元素，如坡屋顶和塔尖，可以提升床的趣味性。如果再配合睡前故事，可以为孩子编织一个好梦

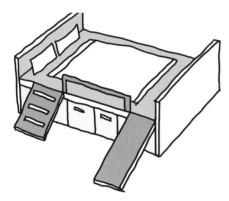

## 游乐场

将滑梯、攀爬板等元素与床相结合，让孩子们可以蹿上蹿下地嬉戏，培养孩子挑战自我和空间感知的能力

## 小型图书馆

孩子可以在睡前进行阅读，以平静玩耍一天的兴奋；同时也帮助孩子增长知识，让他们对书籍产生天然的亲近感

# 趣味模仿实验

另外，以一定的主题布置儿童床可以让房间风格别具一格。实际上，儿童床常被设计成现实物品的缩小版，既提供了床的功能，又不失观赏性。这些模型般的床也可以帮助孩子辨别物体、识别空间。

**吊脚楼**

适当地将床抬高，将其下面打造为玩耍区域，上方为休息区域。这样的儿童床本身就是一种"游乐园"

**客舱式**

客舱式儿童床可以为孩子提供更多的安全感。另外，也可以将床和储藏空间结合起来，形成一个多功能客舱式的儿童床

**汽车式**

汽车式的儿童床设计模拟的是大巴车、消防车等，这可为孩子提供一个较为隐蔽的玩耍空间

**城堡式**

可将儿童床设计为城堡的"吊桥"，提升整个房间的美观性。孩子睡在这样的床上仿佛置身于童话故事中

# 房间里的小房子

房间里的小房子即房中房，是儿童房中常见的一种布置方式，其可为儿童提供尺寸适宜的家具。这些小房子可以让孩子更具安全感且提升其空间思维能力和想象力。

不仅仅是床，儿童房的其他家具，如柜子、桌椅都需贴合儿童身体尺寸。这样可以方便儿童更好地使用。

**玩具柜和玩具篓**

玩具柜应该让儿童便于拿取，并应设有用于玩具分类的篓筐，以便从小培养儿童收拾整理的能力

**大长桌**

有条件的话尽量采用较长的学习桌，这样不仅可以布置更多的儿童用具，也方便儿童拿取

# 嵌入式的床

　　嵌入式的儿童床设计虽然让睡眠区的空间变小，但却可以给孩子提供更多的安全感。孩子的成长存在一个空间敏感期，此时他们会对**空间大小和其变化**非常感兴趣。孩子**用身体来感受这些空间**，通过对空间的探索，认识这个立体的世界。孩子探索空间的过程，既是一种冒险，又是不断挑战自我和认识环境的过程。孩子可以在这样的小空间中感受自我和平静，也可以在大空间中感受自由和喜悦。

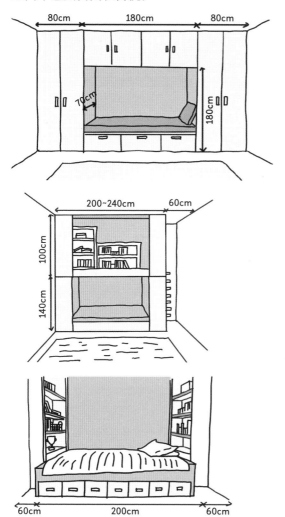

## 柜体嵌入式

结合一面墙将儿童床做整体嵌入式的布置可以更好地利用空间。当然这样做也有弊端，如后期不方便改动，柜体上方的物品不方便拿取等

## 阁楼式

阁楼式的儿童床设计为孩子提供了一个与外界隔绝且宁静的空间，可以作为阅读或者睡眠的区域。孩子在此不仅可以有一块属于自己的"乐土"，还能拥有独特的视野

## 书房式

对于较小的儿童房来说，将书柜、储藏柜等与床结合设计是节省空间的好方法。但需注意这些柜体应配备防止物品落下的挡条

　　嵌入式家具可以和柜体紧密贴合，但需要注意柜门的开启方向或物品的陈放对床的影响。对于一些较小的儿童房，将房间规划成一个整体的空间，可以大幅度提高空间的利用率。

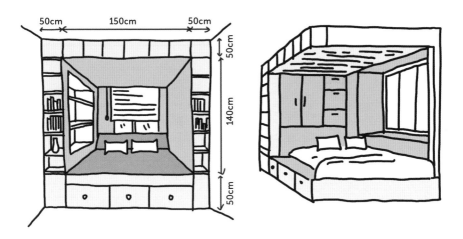

　　设计时，可以考虑内置的壁架、置顶的衣柜、床下的储物柜，这些都可以更好地利用床体空间。当然，床周边也要提供一定的插座，为夜灯、充电器等物品留有电源。

# ■ 双层床的设计

　　双层床可能是很多人童年时梦寐以求的一种儿童床设计，儿童在其上不仅可以爬上爬下地玩耍，还可以有两个不同空间的选择，有了更丰富的空间感受。但双层床也有不同的类型，到底哪一款更适合孩子呢？

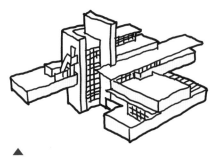

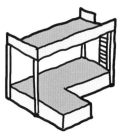

### 组合式

组合式的双层床比较通透，错落的床体设计也更具趣味性。但这可能会占用更多的空间

▲
美国流水别墅 / 弗兰克·劳埃德·赖特

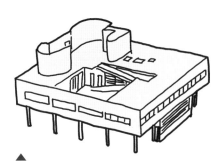

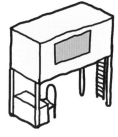

### 悬空式

上层空间设计为阁楼样式，下方架空可作为学习空间。这样的设计显得轻盈，有密闭也有开放，空间变化有致

▲
法国萨伏伊别墅 / 勒·柯布西耶

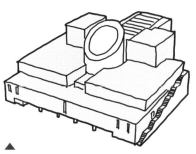
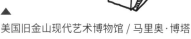

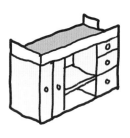

### 底座式

这种设计常用于学校宿舍。为了避免整体显得过于笨拙，不建议把底座做得太高，以便留足上方空间

▲
美国旧金山现代艺术博物馆 / 马里奥·博塔

# 双层结构怎么做？

　　孩子在空间敏感期对于空间的高低与大小变化充满了好奇和兴趣。这个年龄段的孩子喜欢钻洞和爬树，探索不同的视野和环境。因此，双层结构也为他们提供了可以互动和探索的有趣场所。

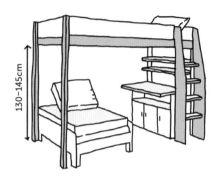

### 组合式
组合式双层结构利用框架和板材为儿童带来丰富的空间感受。可以通过不同尺寸的板材满足孩子的不同需求

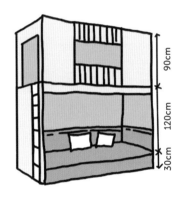

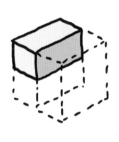

### 悬空式
将封闭空间设计为悬空式结构，可使视野更加开阔。上方做成树屋的样式可提高安全性；下方的空间可以作为阅读区域

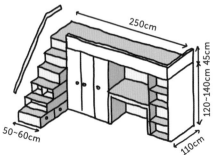

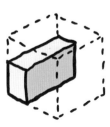

### 底座式
底座式双层结构设计可提升空间的收纳功能。对于较小的户型来说可以将床、柜、桌三合一结合设计，以节省空间

# 怎么做小阁楼?

普通双层床的设计虽然显得轻盈,但却缺少了趣味性,现在很多孩子更喜欢阁楼式或树屋式的儿童床设计。对于阁楼式儿童床而言,尖尖的屋顶虽然更具趣味性,但容易与吊顶起冲突。因而,结合房间的特点做方形的上层树屋对空间更加友好。

**普通双层床**      **坡屋顶树屋**      **平屋顶树屋**

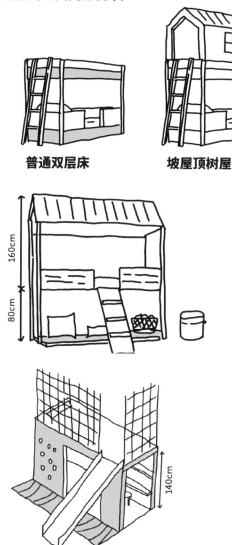

## 坡屋顶树屋

为了不与顶棚冲突,设计坡屋顶树屋的诀窍在于留出空隙,即坡屋顶屋脊和顶棚保持一定的距离。因而,坡屋顶树屋的下方空间高度不宜过高,再搭配一个略微高于地面的床垫就可以了

## 平屋顶树屋

平屋顶树屋有更好的适用性。可以利用防护网、挡板等作为防坠安全措施。同时还可以设置一些攀爬设施和滑梯,以锻炼孩子的掌控力和运动能力

# 怎么布置小阁楼?

　　小阁楼应该放置在平面的什么位置呢? 如果房间较小，布置在窗户旁会对屋内的光线遮挡较多，不利于房间采光。而将小阁楼布置在门口，可以增大采光面，但需要对门进行一定的改造，降低门的高度，从而能够增加阁楼的高度。当然，如果房间面宽较大，阁楼布置在房间侧面是最好的方式，可以更充分地利用空间高度。

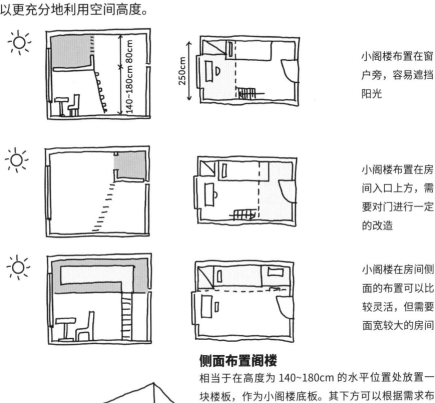

小阁楼布置在窗户旁，容易遮挡阳光

小阁楼布置在房间入口上方，需要对门进行一定的改造

小阁楼在房间侧面的布置可以比较灵活，但需要面宽较大的房间

### 侧面布置阁楼

相当于在高度为 140~180cm 的水平位置处放置一块楼板，作为小阁楼底板。其下方可以根据需求布置床、沙发、柜子或桌椅。小阁楼的高度视层高而定，一般从床垫到小阁楼顶的距离不宜小于 **80cm**

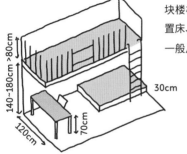

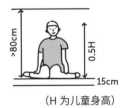

（H 为儿童身高）

## 怎么做双层床？

将双层床做成叠台式或错层式是一种有趣的设计方式，同时，还可以配备一些柜子等作为收纳空间。如果是错开的双层床，下层高度为 110cm 左右就可以满足基本需求。

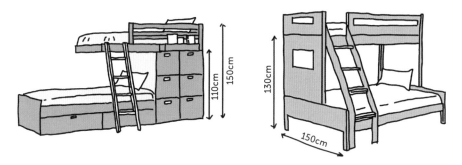

单人床的上部空间可以固定，下方可根据儿童的不同需求进行设计，如单人床、双人床、沙发等，也可以设计为学习课桌或储藏空间。若下层为床，则二层床板高度一般在 120~140cm 之间；而如果做成沙发，则其高度只需要 110~120cm 即可；做成书桌，则最好在 140cm 以上。

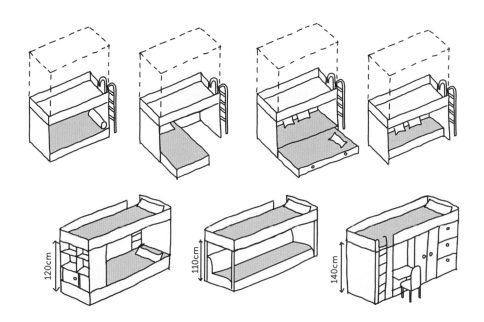

## 下层是储藏空间应该怎么设计？

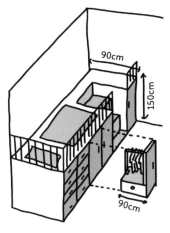

对于面积较小的儿童房，在床的下方做储藏空间是一种节省空间的设计方法。

为孩子设计合适高度的儿童床，即可以提升床的储藏功能，又可以增强儿童房的空间趣味性。

在设计较高的上层床时，其下方最好预留出桌椅、搁板等空间，否则整个房间会显得很拥挤

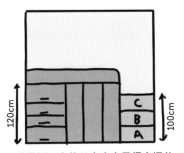

稍微矮一点的儿童床会显得空间分区更加均衡，也降低了床的危险性。但较矮的柜子并不好用

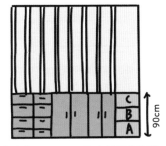

高度为 80~95cm 的床其下方比较适合设计成儿童柜。可以配合竖向构件，有"增高"空间的效果

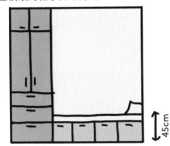

踏踏米非常适合儿童睡眠使用。但收纳功能较弱，可搭配较高的柜体来满足收纳需求

# ■ 多胎房的设计

目前，家庭对于多胎房的需求正在日益增加。对于不同尺寸的房间来说，需要不同的儿童房布局设计，以适应家庭不同阶段的孩童需求。

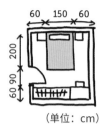 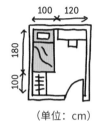 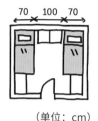 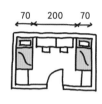

（单位：cm）　　（单位：cm）　　（单位：cm）　　（单位：cm）

**标准的儿童房**

柜子、桌椅和能够放下单人床的配置，就可以满足孩子不同年龄段的基本需求

**较小的儿童房**

柜子、桌椅和单人床的配置，多出现在小户型里

**方形的儿童房**

可以布置两张单人床，满足儿童的睡眠需求，但并不能提供足够的学习空间

**横厅型儿童房**

目前最容易改造的儿童房类型，可以满足不同年龄段二孩家庭的需求，改造空间大

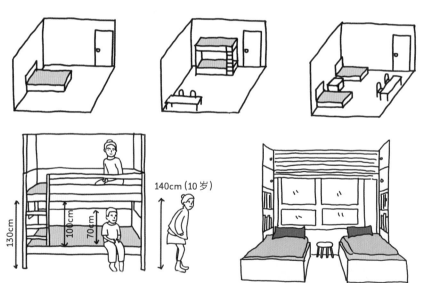

## 两个单人床还是双层床？

对于较小的儿童房，双层床可以节约很多空间。但随着孩子逐渐长大，其需要更多的私密空间，双层床就不太适合了。而两个单人床虽然看上去会占用更多的空间，但如果在这之间布设帘子或用家具隔断，可以很好地分割成两个私密空间，让每个孩子都能拥有自己专属的"天地"

# 多胎房的变化

两个房间改造成的横厅布局可以满足大部分的二孩家庭需求。因为，一个较宽的儿童房可以帮助家长更好地根据孩子年龄大小来打造他们的房间。

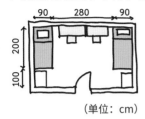

（单位：cm）

### 开放式的儿童房

开放式的房间适合孩子年龄较小且年龄相仿的家庭，孩子可以在其中一起玩耍，共同成长

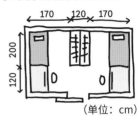

（单位：cm）

### 家具隔断的二孩房

利用家具将一个房间灵活地隔成相对封闭的两个空间

（单位：cm）

### 半隔断的二孩房

睡眠空间较私密，而学习空间较开放。这有利于营造共同学习的氛围，也满足了孩子的隐私需求

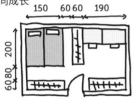

（单位：cm）

### 功能分区的儿童房

将学习空间和睡眠空间分开。适合低年龄段同性别的孩子一起居住

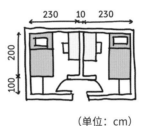

（单位：cm）

### 墙隔断的二孩房

利用隔墙等将一个房间隔成完全封闭的两个空间，可获得更多的隐私空间

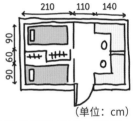

（单位：cm）

### 功能分区的私密二孩房

睡眠空间更私密，而学习空间开放。孩子们可以享受更多一起学习的乐趣

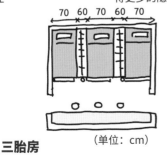

（单位：cm）

### 三胎房

利用柜体等隔断房间，将睡眠空间变得更加私密，而让学习空间变得开放

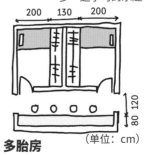

（单位：cm）

### 多胎房

空间较小的房间，只能采用双层床来节约空间，这样布置可以容纳三到四个孩子

# 错位的空间

　　对于小户型来说，错位的布局形式可以节省很多空间，因为这种设计可以把竖向和横向的区域都充分利用起来。同时，这种方式有利于打造不同的空间，甚至在二孩房间里"开辟"出两个小天地。

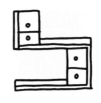

## 上下错位

通过错位的设计可以营造出不同的空间感受。让原本单调的双层床增添一些不同的使用体验

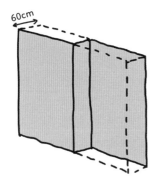
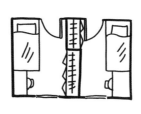

## 平面错位

通过柜子在平面上的错位，可以同时为两个房间提供柜子，适合开间较小的儿童房

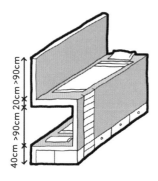

## 左右错位

通过在空间上的左右错位，可同时为两个房间提供床。每个单人床对应不同的房间，适合较窄的儿童房

# 二胎房的变化

　　二胎房随着两个孩子的年龄变化也应该随之改变。房间的面宽较宽有利于后期的改造。对于二胎房来说，家长需要考虑儿童的年龄、房间的尺度、开放度和私密性需求、学习和睡眠需求、收纳功能等。通过不同的家具组合方式和空间分隔方式，可以在有限的空间里满足更多的儿童需求。

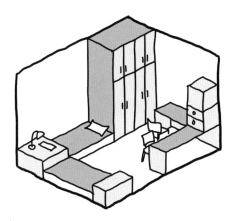 

小户型的秘诀是**家具沿墙布置，充分利用竖向空间和一体式定制家具**

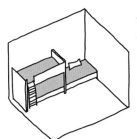

### 开放式房间
年龄较小的孩子更适合共享睡眠空间。这样可减少对空间的占用，腾出更多的空间给孩子玩耍

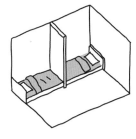

### 半开放式房间
当孩子已经有更多的自我意识和隐私需求时，可将床稍做分隔，以保证他们不影响彼此的睡眠

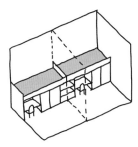

### 宿舍床
宿舍床是对于小户型家庭来说一种有效的家具布置方式。上床下学的形式可以更充分地利用空间

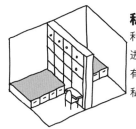

### 私密的房间
利用家具把房间进行硬性分隔，有利于打造更加私密的空间

# 三胎床如何设计？

　　目前常见的家庭户型是"一套三"和"一套四"，但即便是"一套四"，很多时候也无法满足三胎家庭的需求。因而，在床的布置上多花一些心思成了很多小户型家庭的最佳选择。

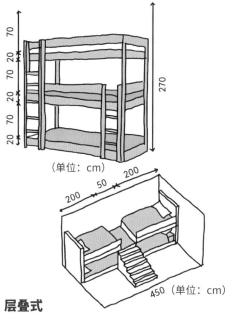

（单位：cm）

### 三层床

三层床虽然最大化地利用了空间，但其舒适性却严重受到房间层高的影响。大多数三层床的入睡体验并不佳，只适用于年龄较小的孩子。如果同一位置叠放，三层床至少要求 2.7m 的层高

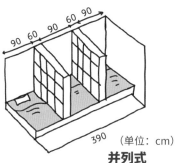

（单位：cm）

### 层叠式

这两种方式适合较宽的房间，虽然会占用更多的空间，但更适合年龄大一些的孩子。并列式通过家具的分隔，让睡眠空间更加私密，从而让孩子们互不影响

### 并列式

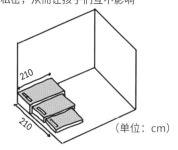

（单位：cm）

### 嵌套式

嵌套式和错落式可以节省一定的空间。对于面积较小的住房，通过推拉设计或者是错位设计，可以更好地利用有限的空间，从而腾出更多空间供儿童活动

### 错落式

　　三胎房里床占用的空间较多，因而错位设计是较好的处理手法。并且，将三张床设置在不同高度也能让空间变得更加有趣。

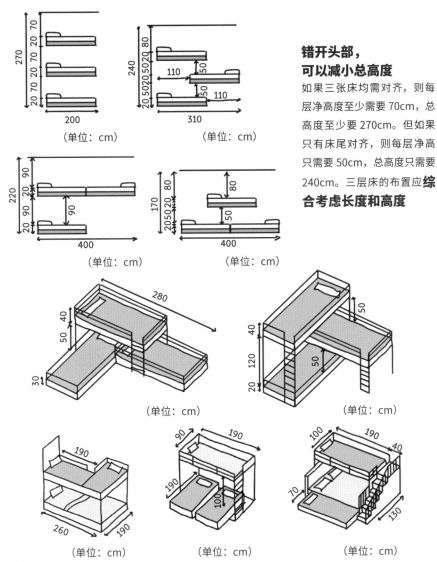

**错开头部，可以减小总高度**

如果三张床均需对齐，则每层净高度至少需要 70cm，总高度至少要 270cm。但如果只有床尾对齐，则每层净高只需要 50cm，总高度只需要 240cm。三层床的布置应**综合考虑长度和高度**

**错开拼接**

错开拼接的设计分式可以最大化地利用空间。如直角拼接适用于角落空间，而垂直拼接可以充分利用竖向空间。另外，这样的设计也可以让空间布置更加灵活

# 阳台

## 家里的"小桃源"

# 阳台

　　阳台是建筑室内空间的延续，传统的阳台可作为晾晒衣物、种植盆栽、休息等活动的场所。往往一个户型至少有一个面向南面的阳台，让人们可以充分沐浴在阳光里。大部分阳台连着客厅，少部分还连接着客房。但随着人们生活品质的提升，阳台被赋予了更多的扩展功能，如作为观景区、健身房、收纳室、读书室、茶室等。

　　另一个设计趋势是，越来越多的双阳台取代了功能性较弱的单阳台，并作为生活阳台和使用性阳台分开布置。

　　对于儿童来说，阳台是具有一定的危险性的。儿童天生好奇，喜欢攀爬和观察，但也容易跌倒。因此，儿童友好型的阳台需要有保障儿童的防坠措施，让儿童可以更安全地在阳台活动。这些措施包括减小栏杆间隙的大小，以及安装儿童锁、隐形格栅或安全网等。同时，也要确保阳台没有孩子可以爬上的平台和减少可攀爬物体。

　　在有安全保障的前提下，阳台既可以是一个充满阳光的温室，让孩子在其中学会辨别植物、阅读和锻炼；也可以是儿童探索外界的一扇"窗户"，满足着孩子的探索欲，感受着世界的多元化。就小户型而言，被封住的阳台可以作为一个房间，或让客厅变得更大，为孩子提供更多的玩耍空间。

　　虽然阳台并不能完全代替户外，但也是一个难得的可以让儿童亲近自然、放松心情和沐浴阳光的建筑空间。儿童友好型的阳台可以给儿童提供一个居屋里特别的"小桃源"。

# ■ 阳台如何设计

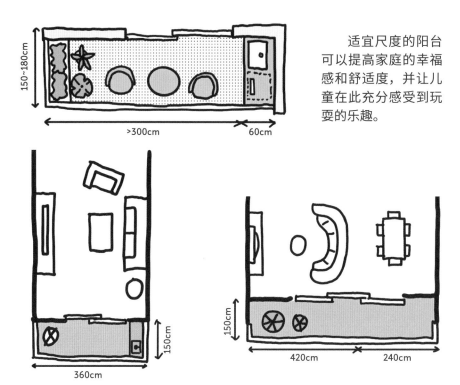

适宜尺度的阳台可以提高家庭的幸福感和舒适度，并让儿童在此充分感受到玩耍的乐趣。

**竖厅**的阳台可作为客厅的延续，既增加了儿童可活动的范围，又增加了阳光和新鲜空气

**横厅**的阳台可以提供更多的采光。对于客厅的物理环境有较大的改善作用

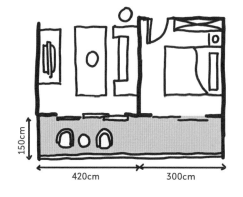

受面积影响，很多竖厅的阳台也**结合客卧设计**，虽然降低了卧室的独立性，但却进一步增大了阳台的面宽

主朝向更长的阳台可以提供更多享受阳光的机会。如果设计为落地窗，还能拓宽居住景观的视野

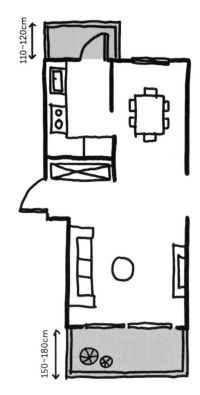

110~120cm

150~180cm

**双阳台**可以满足更多的家庭需求。生活阳台和景观阳台的分区设计更能满足人们的现代生活需求

**边庭式阳台**也颇受青睐，其可大幅增加景观面，适合视野较好的楼盘

**封闭的阳台**相当于一个阳光房，可以给家庭提供植物种植、放松休息、健身等活动的空间

对于儿童，阳台虽然不像室外那样可以提供更多的活动空间，但也能为其提供一个有趣的"秘密花园"

# 凹阳台、凸阳台、半开放式阳台

一般来说，凹阳台可以提供更加私密的空间，而凸阳台与周围的互动性会更强。欧美国家常选择凸阳台，而我国更喜欢风格较为内敛的凹阳台。

**凹阳台**
较为独立，但日照时间较短

**凸阳台**
注重社交，若有隐私需求，可采取遮挡措施

**半开放式阳台**
自主性强，有遮阳措施，为前面两者的折中方案

即便是凸阳台，国内许多阳台还是采用了装饰构件来遮挡。比起欧美许多人喜爱在阳台上攀谈；东方文化中，人们更喜欢将阳台作为私密的空间，可以在此远离世俗尘嚣，独享"一片净土"。

# 阳台空间

阳台是接触户外的重要空间，既接收阳光和清新空气，又过滤室外的噪声和避免了暴晒。好的阳台设计可以为家庭提供更优质的物理环境。

通过以防坠网代替封阳台的方式，既可以保证更多的通风又能起到保护儿童的作用

尺寸适宜的阳台才能提供丰富的功能，而设计不当的阳台很容易成为堆满杂物的场所。而较宽的阳台可以提供更强大的收纳功能，让阳台时刻保持干净整洁，更好地成为家庭放松的绝佳之处。

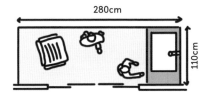

宽度为 110cm 左右的阳台只能并列通过两个人，因此利用率较低

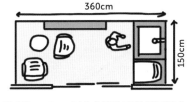

宽度为 150cm 以上的阳台可以满足基本的收纳、休闲等生活需求

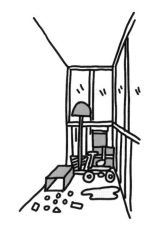

过窄的阳台容易成为杂物堆放的场所

合理的建筑设计让阳台拥有更强的功能性

# ■ 阳台大改造

　　随着人们生活的日益丰富，需求也变得更加多样化。阳台作为一个半室外空间，可以满足许多的功能延展需求，如书房、茶室、种植园、洗衣房等。对于小户型来说，阳台也可以作为一个独立的房间使用。

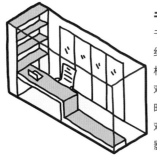

**书房**

书桌正好可与细长型的阳台相匹配。不过，对着窗外长时间的办公，对视力有负面影响

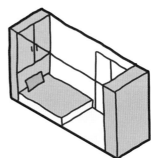

**小卧室**

对于面积较小的户型，阳台也可以改造成儿童房或老人房，但会影响客厅的采光

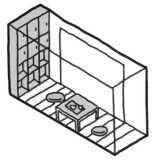

**茶室**

打通与客厅的通道，将阳台看作客厅的延展，布置成一个小小的会客厅

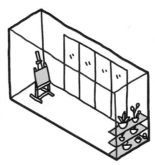

**画室**

阳光充足，孩子可以在这里绘画和玩玩具

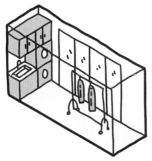

**洗衣房**

将传统的阳台功能升级，作为清洗和晾晒衣物的空间，这非常符合洗衣晾晒的流程

**种植园**

让阳台种满绿植，打造一个小花园。孩子们也可在此认识和观察植物生长

# 要封阳台吗？

　　是否选择封阳台是一个常见的话题。封闭的阳台可以增加室内空间，同时也提高隐私性和安全性。而不封的阳台则可提供更充足的阳光和通风。对于有幼儿的家庭，建议封闭阳台或者选择防坠网，以提高安全性能。

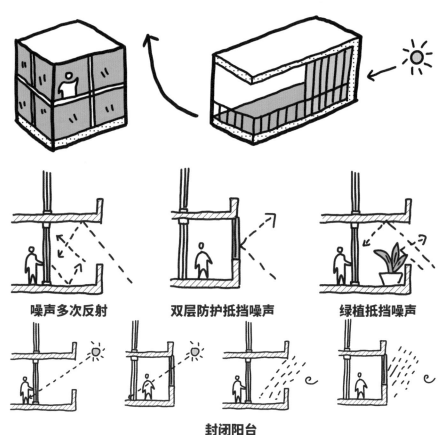

**噪声多次反射**　　**双层防护抵挡噪声**　　**绿植抵挡噪声**

## 封闭阳台

更好的隐私性，增加室内空间和儿童安全性，并且可防盗，

但也将面临维护难、日照减少等问题

## 不封闭阳台

客厅采光和通风充足，更具自然感和户外体验，

但容易积灰且存在较多安全隐患。

另外，不封闭阳台可以通过绿植等抵挡噪声和暴晒

# 让阳台成为游乐区

住房的每一寸空间都非常重要。因此，将阳台作为儿童一个小型游乐区是非常有效的空间利用手段。让阳台成为一个安全、封闭的场所，让孩子们可以一边放松玩耍，一边呼吸新鲜空气，享受明媚的阳光。

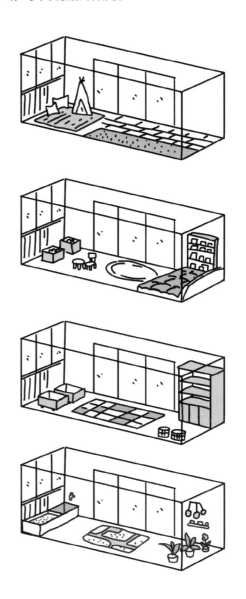

## 铺设舒适的地面材料

孩子如果要在阳台待较长的时间，铺设温暖、舒适、容易清洁的地面材料非常重要。可以采用木材、人造草皮、防滑瓷砖等，以便于维护和保持游乐区的清洁及安全

## 阅读休闲角

阳台是作为阅读休闲角的绝佳选择。不妨在阳台设置积木箱、阅读架和柔软的座椅，为孩子打造一个属于他们的私人空间

## 阳台的收纳

阳台收纳空间的布置非常重要。太多的杂物容易将孩子绊倒。便捷的整理收纳方式，也鼓励孩子把阳台这个"游乐场"打理得井井有条

## 阳台的装饰

让阳台"变身"游乐区，需要确保这里有适宜的装饰，如植物和墙饰，或是设置小沙箱或洗手池，为孩子提供体验丰富的游乐区

# 如何使用阳台？

　　每个家庭都有不同的生活方式，阳台可以成为他们生活的"实验田"，如将阳台设置为幼儿学步间、种子和昆虫观察室、苗圃和菜园、休闲和健身区、洗衣房、室外烹饪区、观星台、小型游泳池、宠物间等。这种半户外的体验可以给孩子们带来丰富多彩的乐趣。

**幼儿学步间**

阳台对幼儿来说是一个很大的空间。充足的阳光和新鲜的空气适合幼儿活动和观察

**种子和昆虫观察室**

阳台可以作为儿童进行科学观察、记录和小型研究的场所，以此探索大自然的各种规律

**苗圃和菜园**

通过参与观察和培育植物，儿童可以了解食物的来源、探寻自然的奥秘

**休闲和健身区**

阳台作为天然的阳光房，可以是孩子们学习之余的休闲放松之所

**洗衣房**

阳台也可布置成洗衣房。孩子可以在这里参与家务劳动

**室外烹饪区**

没有什么比一场家庭室外烹饪更让人兴奋了，阳台是很好的家庭聚会烹饪场所

**观星台**

观察天体宇宙，让孩子理解浩瀚与渺小

**小型游泳池**

因为有上下水的接口，阳台也可以布置为小型游泳池，孩子们可以在此嬉戏玩水

**宠物间**

对于有宠物的家庭来说，阳台也可以是他们宠物的小"基地"

# 儿童安全高度要注意

　　小孩子特别喜欢攀爬，因而护栏的高度需要特别注意。相关规范规定，高层的栏杆高度至少为 110cm，而栏杆杆件净距离不宜小于 11cm。目前市面上更多地采用玻璃栏板，但应注意拐角处和收边处的间隙。同时，封闭儿童可攀爬的路径，也可增加儿童锁或安装纱窗，以杜绝安全隐患。

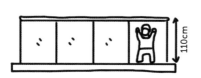

许多家庭喜欢在阳台摆放桌椅，但对于没有封闭的阳台来说，这非常不利于儿童防护

即便是封闭的阳台，儿童也可以通过椅子爬上桌子，进而爬出窗户，这仍然可能存在安全隐患

设置阳台卡座时，需考虑儿童的防护高度。窗子开启范围也应适当缩小

防坠措施的高度一定是从可踏面开始计算的。阳台是整个房屋存在最大安全隐患的区域，因而在规划设计时要注意儿童可接触的高度，以此调节窗户可开启范围和护栏的高度。

当底面为宽度大于或等于 22cm，且高度小于或等于 45cm 的可踏部位时，应从可踏部位顶面起算栏杆高度。

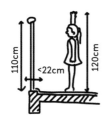
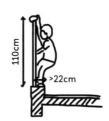

即便栏杆满足 110cm 的高度要求，但这依然存在一定的安全隐患，仍需注意防止孩子攀爬或借用其他物体翻越栏杆。如果临空面有卡座、桌椅或宽度大于 22cm 的台子，那么栏杆高度应该从这些可踏面开始进行计算。

将窗户设置于高处或选择尺寸较小的窗户也是很好的防护措施，或者将窗户做成下悬窗，控制开窗范围，也可以杜绝安全隐患。

# 储藏与收纳

## 小空间大魔法

# 储藏与收纳

收纳本就是一件复杂的系统性问题，需要考虑在哪些"场景"，设计什么"尺寸"的"收纳容器"以存放"哪些物品"。因而，好的收纳方式，既要考虑能归纳整理物品，又要考虑物品的使用频率，以满足人们日常的收纳需求。

当然，即便是二人世界，分类收纳也不是容易之事，更何况家里添了孩子，对家里的收纳空间更得精心设计。设计时，首先应该关注儿童的物品，可以用三个词来形容它们：多样性、差异性、成长性。它们类别多样、形态各异，且随着孩子年龄增长会被不断淘汰和更替。因而，儿童物品的收纳更具灵活性。

储藏的学问还体现在对收纳容器及其尺寸的选择上。大户型可以更多地选择定制柜体，甚至设置专门的储藏间作为物品存放的场所。但大多数的小户型并没有那么多空间，这就需要设计者充分了解物品尺寸并灵活地规划出收纳空间。许多平时用不到的区域实际上都是收纳空间的好选择，可以灵活地作为收纳孩子物品的区域。

除此之外，还需要关注场景的应用。根据使用频率，孩子的物品可以分为临时使用、经常使用和储藏备用三种类型。根据这些物品的使用场景，可以采用不同的收纳方式。如果是要鼓励孩子使用的物品，如运动物品、教育物品、益智玩具，就要提供更加便利和容易获取的收纳方式；如果是要降低孩子的使用频率，就要有一定的隐蔽措施；如果是备用物品，就可以放在较高的位置，让父母代为拿取。这样收纳的好处是可以充分利用竖向空间，提高空间使用率。

# ■ 儿童物品的特征

　　儿童的物品可以用三个词形容：**多样性、差异性、成长性**，即**类别多样、样式繁多和成长变化快**。儿童的物品特点不同于成人的物品，孩子因为行为习惯和运动发展能力尚未成熟，因而其使用需求较多。另一方面，儿童的物品往往大小、颜色、形态更加丰富，因而存在同类别的差异性。儿童的成长性也带来了物品使用的周期短和更替快的特点。

### 类别多样

儿童的需求不同于成人，许多思想行为尚待发展，因此，为了孩子能够德智体美劳全面发展，需要给孩子提供类别多样的物品，以探寻孩子的兴趣爱好

### 样式繁多

儿童需要在辨别不同大小的物品，动手拼装零件和工具的过程中，发展其逻辑能力、动手能力和空间思维能力等

### 成长变化快

随着孩子的成长，其使用需求也在不断变化。物品的类型、储藏空间的大小都会随之变化。这也就非常考验存储空间的灵活性和可变性了

# 儿童物品的多样性

**多样性**，是指孩子的物品大小不一、类别多样，既有婴儿车、带轮玩具、球类、画架、钢琴等大件物品，又有积木、文具、书籍等小件物品。强调多样性是因为培养儿童的过程并非线形，在还没有发现孩子的特长之时，往往需要提供更多的培养机会，让孩子能够从中找到自己感兴趣的方向。全面发展也可以避免孩子过于依赖"单一成功路径"，对未来的生活更有韧性。

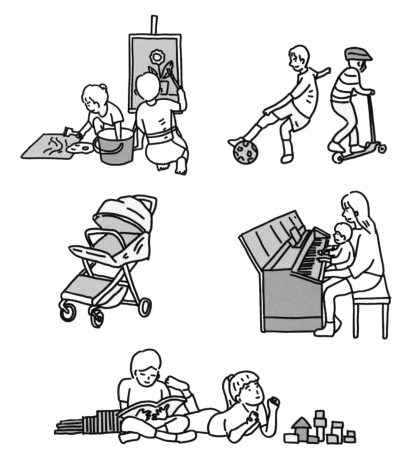

**全面发展**

孩子需要从小着重素质培养，无论是能力培养、个性发展还是身心健康，会需要各种儿童用品作为辅助。这些物品的收纳并非易事，他们尺寸不一、类型多样，需要在客厅、儿童房、储藏间等多个场所设置相应的储藏空间

# 儿童物品的差异性

　　**差异性**，是因为孩子常常需要通过拼装玩具、各类书籍、不同色彩来锻炼逻辑思维、空间思维，以及创造力等，因而存在大量大小不一、色彩不同、形态各异的物品，这些物品即便属于同一类别，也可能存在着较大的差异性，进而影响收纳空间的选择。

### 大小差异
尺寸不一是儿童物品收纳的一大难点，并不是一个简单的收纳盒可以解决的

### 形状、色彩差异
为了开发智力，儿童物品会设计出不同形状，且带有不同的颜色。这也意味着储藏时需要更具包容性的收纳容器

## 采用容量大且可灵活移动的收纳容器
面对儿童物品的差异性，可以采用不同的收纳容器应对。这些收纳容器不需要像成人衣柜那样有多层分隔，而应具有容积大且可移动性强的特点，以满足孩子不同物品的储藏需求

# 儿童物品的成长性

**成长性**，是指孩子在不停成长的过程中，不断会有新的需求出现，许多物品会被淘汰和更替。每个阶段的孩子都会需要相应阶段的物品，这些物品能够带给他们独特的成长体验。因而，孩子的储藏空间设计应该考虑其成长变化，提升储藏空间的灵活性，以应对孩子不断变化的收纳需求。

**成人的储藏**
因为成人行为习惯已经形成，所以可以对柜体进行更加细致的分隔，以方便使用

**嵌套式**
"大鱼吃小鱼"的收纳方式，层层嵌套，提供不同大小的容器，像整理文件夹一样细分

**容器式**
选择较大的容器，将类似的物品放在一个容器里，使分类更加轻松

# ■ 儿童物品的收纳方式

　　不同面积的户型采取的收纳策略不同。大户型可以更多地采用全屋定制的方式，利用大量柜体存放不同的物品。而小户型则更需要采用灵活和巧妙的方式去处理物品的收纳，如利用墙面或活动的空间。

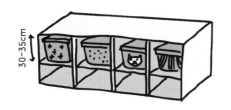

### 墙面式收纳

墙面式收纳就像一张渔网，将所有的宝贝都"一网打尽"。通过不同的容器对不同类别的物品进行分类储藏

### 活动式收纳

活动式收纳就像鱼群。它们可以更加灵活地利用屋内空间，即便大小不一，也可以显得很整齐

　　大多数的小户型并没有那么多空间，这就需要设计者充分**了解物品尺寸并灵活地规划出收纳空间**。庆幸的是，除了少数运动用品和带轮玩具，大部分的儿童物品都比较小巧，正好可以灵活存放。

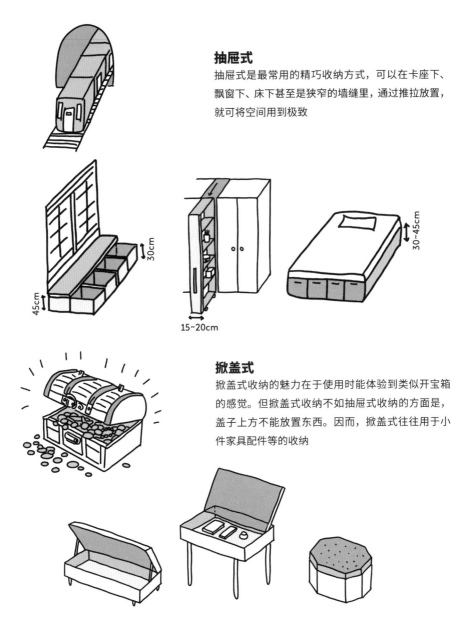

**抽屉式**

抽屉式是最常用的精巧收纳方式，可以在卡座下、飘窗下、床下甚至是狭窄的墙缝里，通过推拉放置，就可将空间用到极致

**掀盖式**

掀盖式收纳的魅力在于使用时能体验到类似开宝箱的感觉。但掀盖式收纳不如抽屉式收纳的方面是，盖子上方不能放置东西。因而，掀盖式往往用于小件家具配件等的收纳

# 柜体怎么设计？

　　结合儿童使用物品的习惯选择柜体样式，可以更好地利用空间而不浪费。柜体的选择需要考虑物品尺寸和使用频次，以及使用的安全性。

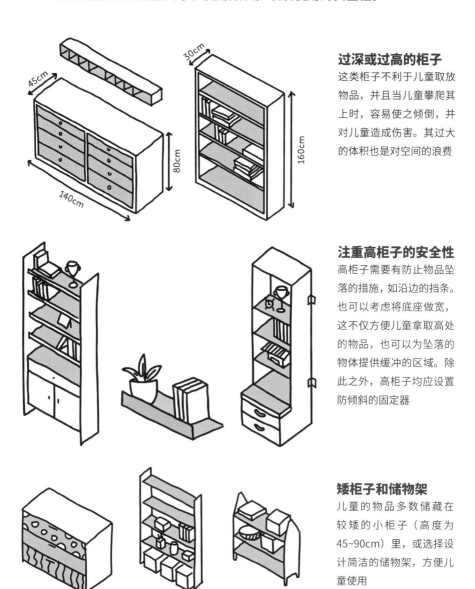

## 过深或过高的柜子

这类柜子不利于儿童取放物品，并且当儿童攀爬其上时，容易使之倾倒，并对儿童造成伤害。其过大的体积也是对空间的浪费

## 注重高柜子的安全性

高柜子需要有防止物品坠落的措施，如沿边的挡条。也可以考虑将底座做宽，这不仅方便儿童拿取高处的物品，也可以为坠落的物体提供缓冲的区域。除此之外，高柜子均应设置防倾斜的固定器

## 矮柜子和储物架

儿童的物品多数储藏在较矮的小柜子（高度为45~90cm）里，或选择设计简洁的储物架，方便儿童使用

# 空间的细分

　　儿童的物品总是变化、多样、大小不一的，因而采用"套娃"式的收纳方式更利于灵活地存放儿童不同的物品。可以先为儿童提供一个较大的收纳盒或收纳架，再通过加入其他的细分工具对物品进行分类整理。

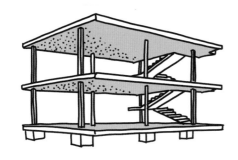

## 多米诺体系

多米诺体系是勒·柯布西耶在1914 年提出的概念。原有的承重墙体系随着技术和结构的发展得到解放。这种框架形式和收纳有异曲同工之妙，即采用更加灵活的框架供空间划分使用

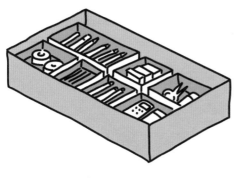

## 像餐盒一样

抽屉的收纳可以像餐盒一样进行进一步的细分，让所有的文具不再显得凌乱。这些细分收纳盒可以根据文具的不同尺寸来进行选择

## 细分收纳

在柜架中增加收纳箱、收纳盒和收纳筐等细分收纳容器，可以对不同的儿童玩具、日常使用物品进行分类整理。不同特点的收纳工具也可以让孩子使用起来更方便

# 儿童身体尺寸和移动式家具

收纳容器应符合儿童身体尺寸，以利于儿童的使用。但同时也要注意，过于灵活的物品并不适合 1~3 岁的儿童使用，因为这容易导致他们受伤。但对于较大的儿童来说，可移动的储物小车可以让其在不同地方使用，更具灵活性，也更有利于儿童养成收纳整理的好习惯。

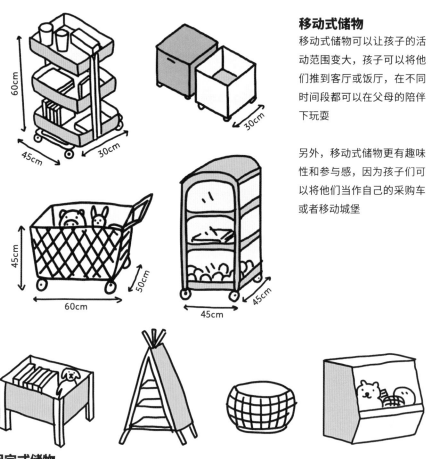

## 移动式储物

移动式储物可以让孩子的活动范围变大，孩子可以将他们推到客厅或饭厅，在不同时间段都可以在父母的陪伴下玩耍

另外，移动式储物更有趣味性和参与感，因为孩子们可以将他们当作自己的采购车或者移动城堡

## 固定式储物

固定式的储物收纳可以做得更小一点，这样既适合儿童使用，符合儿童的拿取习惯，同时父母也可以帮助儿童将这些收纳盒搬到特定的位置，让孩子可以在不同场景下使用这些储物盒。固定式储物更适合低龄的孩子。因为对于幼儿来说，固定式储物更容易让他们辨别方向和位置，并了解哪里是他们的玩耍区域，理解各功能区域的作用

# 长宽高

　　儿童收纳盒的长度、宽度和深度决定其可以收纳物品的类型。除此之外，它们也占据了房间不同大小的空间。虽然将收纳容器分为箱子、柜子、盒子，但它们本身也是可以相互结合，组成更加实用的儿童收纳工具的。

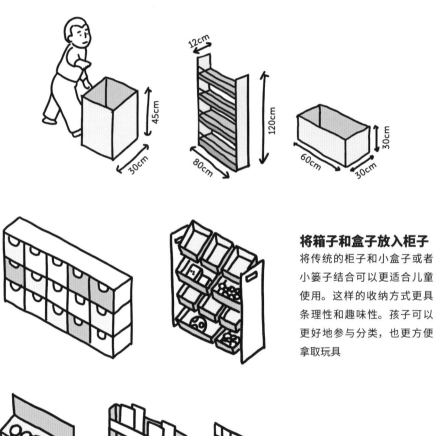

### 将箱子和盒子放入柜子

将传统的柜子和小盒子或者小篮子结合可以更适合儿童使用。这样的收纳方式更具条理性和趣味性。孩子可以更好地参与分类，也更方便拿取玩具

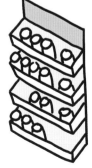

### 将柜子改成置物架

孩子的物品其实并不大，很多时候不需要占用地面的空间。因而，墙上设置壁挂式置物架会更加经济。孩子可以像拼贴画一样将物品置于其中

# ▌全屋收纳

　　儿童的物品与成人的相比，**样式更多、尺寸更小、类别也更琐碎**，就更加考验住家的收纳功能。同时，需要根据儿童的使用习惯和需求，设计不同的收纳场所，以方便孩子使用。要鼓励儿童多使用的东西尽量放在更加容易获取和显眼的位置。而让孩子少用和储藏备用的物品则可放置在较为封闭的空间。

### 常用的学习用品、运动用品和文具

儿童的户外用品、益智玩具、文具、书籍、画板和乐器等有利于其各项能力的发展。这些物品应收纳在如玄关、客厅、儿童房等较大的空间中，方便儿童拿取和使用

### 分类收纳临时性、经常性和储藏备用的物品

分类收纳不同使用频次的儿童物品可以更好地利用有限的收纳空间。将最常使用的物品放在最容易拿到的位置，而储藏备用的物品可以收纳到较高处，这有利于充分利用垂直空间

# "一米高"储藏

儿童的物品主要放置在**"一米高"以下**（对于较小的孩子甚至在 45cm 以下）的范围内，以方便其拿取。因此，无论是玄关还是客餐厅，这些重要的空间都可以提供 100cm 以下的储藏区域，以方便孩子更好地即时取用。为了收纳儿童的大型用具和各种大小的玩具篓，这些位置的储藏可以设计为开放式的。

玄关　　　　　　饭厅　　　　　　　　　　　客厅

（H 为儿童的身高）

## 儿童限定储藏区域

可以在一个角落专门为儿童开辟一个限定的储藏收纳空间，避免儿童的物品散落在房间各处。固定的收纳区域也让儿童能更好地履行家庭义务，每天自己负责整理好属于自己的空间

# 场景和功能

    根据儿童的使用习惯提供不同的储藏和收纳方式。将收纳功能与使用功能紧密结合，有利于儿童在学习、休息和玩耍时都能更好地进入状态，提高孩子的注意力和控制力。有序的收纳也能培养孩子更好的整理和辨别能力。

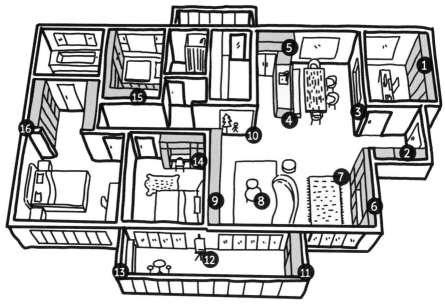

面积约 150m$^2$，二孩家庭

**1** 书柜或储藏柜（储藏儿童较大物品）    **2** 玄关柜（童鞋、雨伞等）

**3** 墙上窗（父母工作时可以注视儿童）    **4** 卡座 + 备餐台 + 学习桌

**5** 餐边柜（儿童参与备餐）    **6** 展示柜（儿童作品和玩具）

**7** 儿童玩耍区域（结合储藏）    **8** 小茶几（儿童可用）

**9** 电视柜（陈列和电视摆放）    **10** 白板墙（儿童使用）

**11** 家务柜（收纳家务用品）    **12** 休闲室和画室（儿童玩耍、绘画）

**13** 植物角（儿童观察植物）    **14** 一体式写字台储藏柜

**15** 一体柜和榻榻米（增大储物空间）    **16** 衣帽间

　　对于小户型来说，各处布设收纳区域有利于提高空间利用率。另一方面，为了尽可能给儿童活动提供更多的空间，家具和储物柜应沿墙布置。让功能区连通起来，能节省出更多的活动区域。

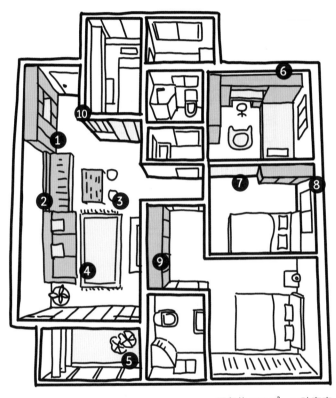

面积约 100m$^2$，二孩家庭

**1** 玄关柜（搭配移动式换鞋凳）　　**2** 卡座（下方可作为储藏空间）

**3** 餐桌（兼作写字台）　　**4** 空出作为活动区域

**5** 阳台作为活动区域　　**6** 一体式写字台储藏柜

**7** 活动式隔墙（相邻房间可以互通）　　**8** 老人房或二胎房

**9** 衣柜　　**10** 厨房窗

# ■ 储藏间的设计

储藏间的设计应考虑儿童的尺度和行为习惯，既要满足儿童大部分生活物品的储藏需求，又要提供展示儿童学习成果、荣誉的区域，并兼顾儿童身体尺寸，以提升存取物品的便利性。

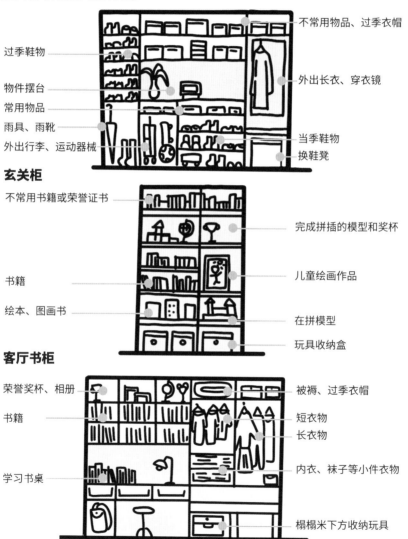

**玄关柜**

不常用物品、过季衣帽

过季鞋物

物件摆台

常用物品

雨具、雨靴

外出行李、运动器械

外出长衣、穿衣镜

当季鞋物

换鞋凳

**客厅书柜**

不常用书籍或荣誉证书

书籍

绘本、图画书

完成拼插的模型和奖杯

儿童绘画作品

在拼模型

玩具收纳盒

**儿童房书柜**

荣誉奖杯、相册

书籍

学习书桌

被褥、过季衣帽

短衣物

长衣物

内衣、袜子等小件衣物

榻榻米下方收纳玩具

## 成品衣柜、嵌入式衣柜、步入式衣柜

成品衣柜是目前家装最常见的选择，但其并没有充分利用空间。比较节约空间的选择是嵌入式衣柜，并将其作为相邻两个房间的隔断。步入式衣柜则是利用小储藏间提升收纳功能，以较多的空间换取更好的收纳体验

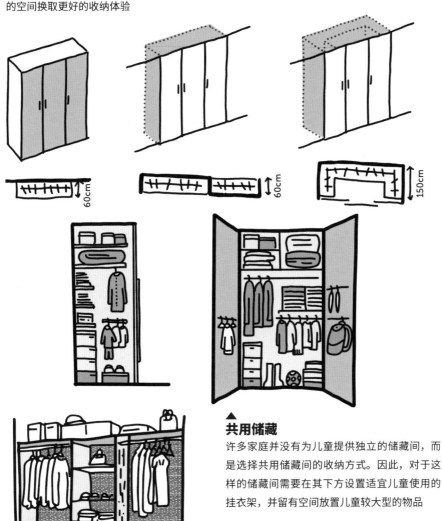

### ▲共用储藏

许多家庭并没有为儿童提供独立的储藏间，而是选择共用储藏间的收纳方式。因此，对于这样的储藏间需要在其下方设置适宜儿童使用的挂衣架，并留有空间放置儿童较大型的物品

### ◀灵活储藏

孩子的成长速度很快，很多用品可能过段时间就会被淘汰。对此，较为经济的做法是减少固定划分、增加灵活隔断或模块化储物盒，这样更能满足儿童在成长过程中的收纳需求

# 空间的"见缝插针"

　　可以利用家具的侧面和底部"见缝插针"似的拓展出收纳的空间。在侧面可以设计一个小型的置物架,放置孩子的书籍和小物件。底部也可以作为儿童玩具的存放盒,类似抽屉的样式,且因为位置较低,更适合儿童使用。

 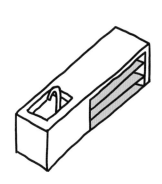

### 侧面收纳

衣柜或西厨的侧面可以作为儿童物品的收纳空间,收纳如孩子的书籍和玩具。在家长做家务时,孩子也可以在一旁拿取玩具玩耍

 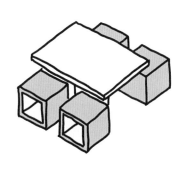

### 底部收纳

小坐凳或者榻榻米的下部可以设计成抽屉式或揭盖式的收纳空间。这样的收纳方式可以存放较多的儿童玩具

对于较大的户型，也可以将不常用的区域作为收纳空间，如在楼梯下方或书柜、飘窗卡座等位置设计收纳空间，这既符合儿童的尺度，又在提高收纳功能的同时，让空间更有细节和层次感。

**楼梯底部**

楼梯的下方空间对大人来说可能过于狭小，但却很适合孩子在此休息和阅读

**楼梯的侧面和踏面**

楼梯的侧面和踏面都可作为收纳书籍的区域。不过其侧面因为不与人行走的路线冲突，而更具实用性

**飘窗**

飘窗下方可以做抽屉以提升整个空间的收纳功能，如收纳书籍和靠枕。当然，也可以围绕飘窗做整面的书柜墙，以提供更多样的收纳方式

# 卫生间与家务间

## 家政"后备厢"

# 卫生间与家务间

干净整洁的环境是儿童健康成长的重要条件。保持孩子身体和衣物的干净帮助其远离细菌，也可让孩子拥有更加健康的体魄。联合国儿童基金会的《儿童权利和城市规划原则》也强调了为儿童服务的水和卫生综合管理系统的获取应是安全和能够负担得起的。

但是，孩子的清洁并不是一件容易的事。从婴儿时期开始，在教会孩子自己洗澡之前，家长需要时常帮助孩子洗澡，保持其身体干净。而等孩子长大了，他们会经常出去玩泥沙和水池，和宠物一起在草坪上打滚，探索自然的奥秘。这些活动很容易弄脏自己，以致他们的脏衣物经常"堆积成山"。如何让孩子和这些衣服快速获得清洗是家庭空间组织的重要问题。

另一方面，对于小户型的家庭来说，家庭成员的增加让卫生间的使用势必会变得紧张，尤其是在早上更是会变得更加急迫。

因此，需要一些小措施让家长更加省心，如让卫生间干湿分区，盥洗台搭配使用方便的操作平台，家务间有孩子专有的洗衣设备，进而提高卫生间的使用效率。

更重要的是，家长要教会孩子自主完成清洁、如厕和一些简单的家务。日积月累，他们就可以逐渐分担起许多日常的家务，并在这个过程中学会许多生活技能，培养良好的习惯。一个儿童友好型的家务间可以帮助孩子建立家庭责任感，同时学会为自己负责。

另外需要注意的是，由于儿童身高的限制，在对卫生间和家务间进行设计时需要考虑一些辅助措施，帮助孩子使用这些设备。

# ▉ 卫生间的设计

卫生间是家庭重要的清洁场所。对于有孩子的家庭来说，**卫生间应该有足够的操作空间和亲子区域**，方便家长为孩子换洗尿布、清洁衣物和向孩子示范以及互动

实际上，对于幼儿来说，**浴室是非常容易受伤的地方**

避免儿童在浴室受伤的方法除了成人的陪伴外，还需要采取一些安全措施以防止孩子受伤

幼儿通常需要台凳才能够到水槽。另外，可将毛巾等用品的挂钩设置在与儿童身高相同的高度

# 儿童垫脚抽屉

　　为了让儿童自主洗漱，采用特殊的小台阶或垫脚凳是一种辅助方式。但如果地面有水或者孩子没有稳住重心，就还是容易摔倒。另一个做法是将盥洗台最下方的抽屉做成实心的——一个面积较大的可踩踏柜，往往可以让孩子更安心地洗漱。

盥洗台的高度一般为 105cm，而儿童适合的高度为 60~80cm

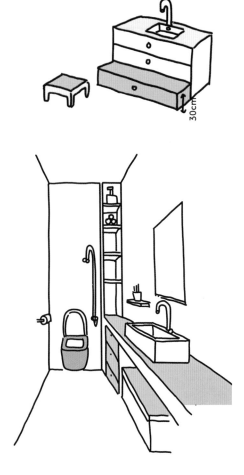

**抽屉凳**
只用一个抽屉大小的收纳空间，就可以让孩子安全地自主洗漱，让家长省心不少

# 适合儿童使用的卫生间器具

　　儿童需要学会自主如厕和洗漱，并养成勤洗手的好习惯。因此，为了帮助孩子能更方便地使用成人家具，家长可以多提供一些儿童辅助工具，即一个儿童友好型的卫生间需要设置方便儿童使用的坐便器、台面、沐浴间、储藏空间等辅助设施。

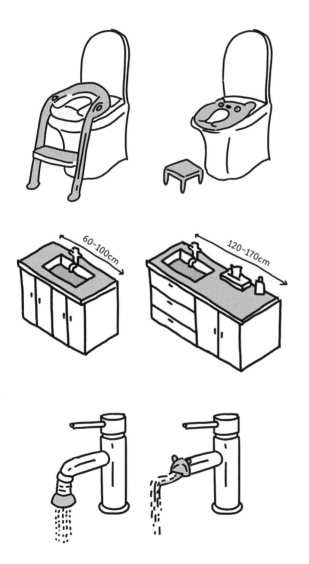

## 辅助坐便器

儿童可以使用便盆或坐便器开始如厕训练，但对于成人坐便器来说，需要增加一些辅助措施帮助儿童使用，如坐便器座圈和垫脚凳

## 较长的盥洗台

较长的盥洗台可以更利于家长和孩子同时使用，也有更多的空间让家长为孩子换尿不湿等

## 防溅水龙头

给水龙头安装一个让水压更缓和的装置——防溅水龙头，防止用水时水花四溅，同时也鼓励儿童使用盥洗台，养成勤洗手的好习惯

# 卫生间里的儿童安全措施

**1** 儿童扶手　　**2** 不建议儿童穿不易穿脱的衣物，如背带裤　　**3** 防滑地垫

**4** 垫脚凳　　**5** 防溅水龙头　　**6** 儿童坐便器或小楼梯

**7** 剃须刀等危险物品放置在较高位置

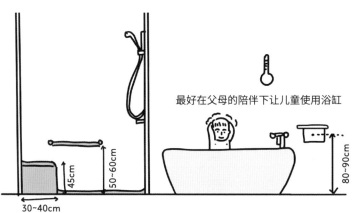

最好在父母的陪伴下让儿童使用浴缸

## 淋浴或浴缸

浴缸对于幼儿来说实际上是很危险的，容易让孩子滑倒，也存在溺水的危险，因此必须在家长的陪伴下使用。相比之下，通过提供防滑垫、扶手和小凳子等辅助工具，可以让淋浴间更具安全性

# 平面布局

目前很多家庭都选择干湿分离的卫生间设计，这样方便使用也容易打扫清洁。

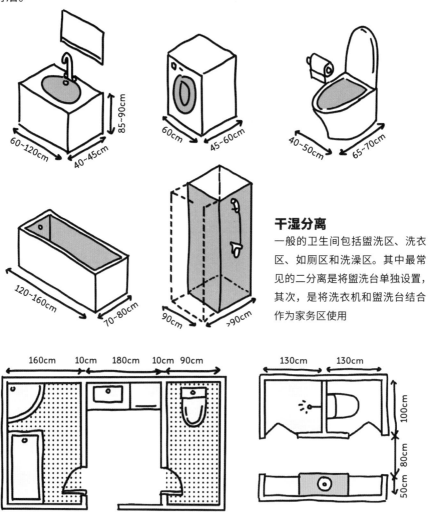

## 干湿分离

一般的卫生间包括盥洗区、洗衣区、如厕区和洗澡区。其中最常见的二分离是将盥洗台单独设置，其次，是将洗衣机和盥洗台结合作为家务区使用

## 三分离

卫生间三分离式的设计的确可以让大家庭使用效率提高，但却需要占用更多的空间，需要更多的墙体划分区域。对于面积较小的卫生间，需要更精打细算地对空间进行规划；而对于大户型，既然有两个卫生间，三分离式的设计意义好像就不大了

　　有时候是否分离、几分离需要根据家庭使用需求进行调整。并不是多分离就一定合适。如果需要更大的操作空间，那么不做分离可能更能满足幼儿和父母的需求。

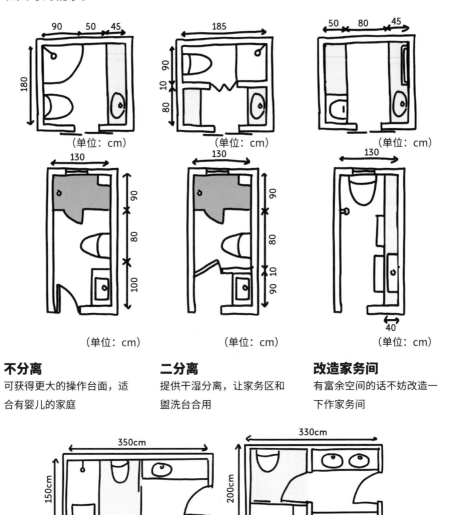

**不分离**
可获得更大的操作台面，适合有婴儿的家庭

**二分离**
提供干湿分离，让家务区和盥洗台合用

**改造家务间**
有富余空间的话不妨改造一下作家务间

**面积加大**
一个 3m² 的卫生间就可以满足家庭的基本使用需求。但对于有儿童的家庭，更大的卫生间意味着更具操作性和实用性，如一个大小为 1.5m×3.5m 或者 2m×3.3m 的卫生间可以划分出洗衣区和做二分离式的设计

# ■ 家务间的设计

　　家务间并非必需的房间，但如果有，可以极大程度提高家庭的生活质量和家务劳动的效率。家务间常可设计为独立式的家务间，或者与玄关、卫生间、阳台结合的非独立式家务间。

　　独立式的家务间或者家务柜，可以提供较大的家务操作平台和器具存放的空间；而其他三种非独立式家务间则可分别实现以下三种功能：
　　·与玄关结合的家务间，可以帮助家长更快地处理孩子的脏衣物，减少从室外带入的细菌。
　　·与阳台结合的家务间，可以让清洗完毕的衣物更快地得到晾晒。
　　·与卫生间结合的家务间，容易取得用水，使洗衣、洗拖把等家务更轻松，同时也缩短了用水动线。

**餐厨旁设置家务区**
靠近厨房用水点，同时离其他功能区域都比较近

**卫生间旁设置家务区**
可缩短用水动线

**玄关处设置家务区**
使儿童室内外衣物快速更换，和用于运动器械存放与清洗

**独立式家务间**
可获得更多操作和储藏的空间

**阳台处设置家务区**
利用阳台空间，可以更好地晾晒衣物

# 家务间的功能

在传统的家务间可进行熨衣、缝纫、叠衣等家务劳动，可以让家庭成员更好地整理衣物。但随着时代的变迁，新的使用需求也随之产生，如放置烘干机和收纳吸尘器、扫地机器人等，这也意味着家务间需要更多的空间和更合理的收纳方式。

整齐的家务间可以有助于培养儿童的责任感和参与意识。这一方面可以帮助家长省心，另一方面也锻炼了儿童的动手操作、辨别、耐心、分类整理等能力。但需要注意让孩子远离大型机器、刀具、易碎品等，其他的家务诸如扫地、拖地、整理衣物都可以让孩子逐渐参与。

# 独立式家务间

　　独立式的家务间或家务柜常设置在客厅或靠近阳台等位置，这样可以缩短整个做家务的动线。家务间一般可用于家务用具储藏，和作为烘洗衣物、熨衣、整理衣物、临时晾晒等家务的场所。洗衣液等物品最好放置在高处，而其下方可多放置一些儿童可以使用的物品。

　　一个家务柜往往包含多种样式的分隔板收纳筐以及挂钩。一个使用便利的家务间可以帮助住户更快地找到相应的工具，提高做家务的效率。

**高处收纳**
收纳瓶装液体、危险工具等，避免儿童接触

**整理篓**
整理毛巾、洗衣液等，也是整理衣物的"中转站"

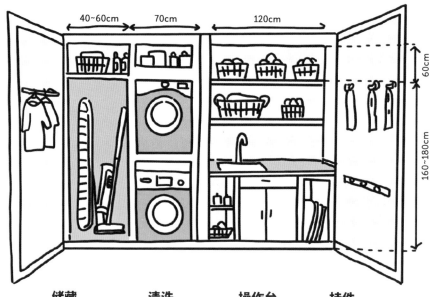

**储藏**
储藏熨衣板、吸尘器等大型家务用具

**清洗**
清洗和烘干衣物

**操作台**
清洗小件物品，整理衣物

**挂件**
晾挂毛巾、刷子、垃圾袋等各类家务工具

# 与其他空间结合的非独立式家务间

　　家务间设置在卫生间和餐厨旁有利于取水，方便清洗工具。但这些位置一般空间比较狭小，只能依据家庭使用习惯布置有限的功能。

### 玄关处的家务区

玄关处的家务区主要针对儿童使用，如增设一个取水点可以帮助其快速清理身上的泥巴和换洗脏衣物。一个小的儿童洗衣机可以快速搞定一切

比起使用烘干机，中国家庭更多选择在阳台晾晒衣物，因而在阳台布置家务区可以缩短衣物晾晒的动线，提升便利性。但要注意的是，为了防止孩子攀爬，建议采用封闭式阳台，而非下图的开敞式阳台。

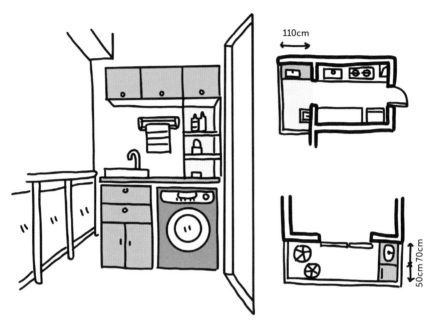

### 结合晾晒架

在不需要摆放较多柜子的情况下，阳台可以通过采用晾晒架提高晒衣的效率，也方便儿童参与晾晒衣物的家务劳动。但窗台应做好防护措施，防止儿童攀爬

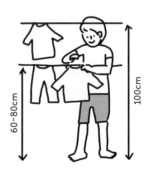

## 常用组合模式

对于需要更多操作空间的家务区建议将烘干机和洗衣机并排布置，而对于需要更多储藏空间的家务区可以选择竖向布置烘干机和洗衣机。当然，适当地增加操作台面长度有利于在家务区完成更多家务操作。

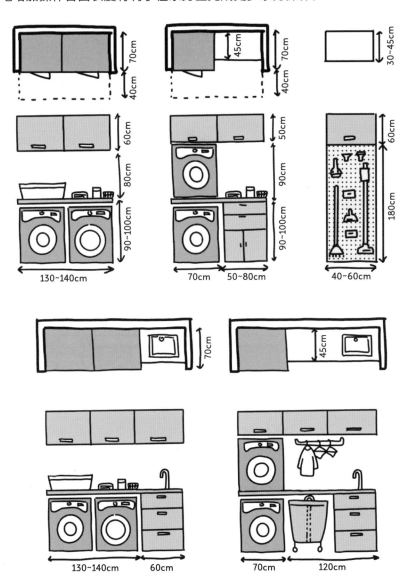

# 功能区共享

　　功能区共享可以更加高效地利用空间，如盥洗池与坐凳结合，可以让孩子和家长同时使用。或者将盥洗台从卫生间分离，布置在家务间与阳台的中间位置，这样盥洗台在两个功能动线上都能发挥作用。

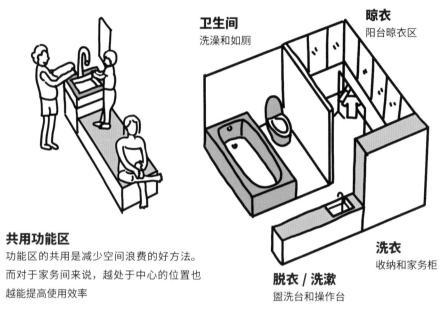

**卫生间**
洗澡和如厕

**晾衣**
阳台晾衣区

**共用功能区**
功能区的共用是减少空间浪费的好方法。
而对于家务间来说，越处于中心的位置也越能提高使用效率

**脱衣 / 洗漱**
盥洗台和操作台

**洗衣**
收纳和家务柜

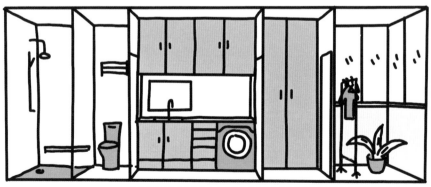

**卫生间**
洗澡和如厕

**共用区**
洗衣服、整理衣物、洗漱

**收纳**
家务用具收纳

**阳台**
晾晒衣物

# 功能动线

　　各功能区的结合设置可以帮助空间动线更加简单，并通过重叠的部分提高空间的利用率。卫生动线（脱衣—洗澡—洗漱）和家务动线（脱衣—洗衣—晾衣）重叠了脱衣区和清洗区，因而可以共用部分区域，以节省空间。

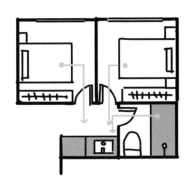

家务间服务于卫生间和各个卧室

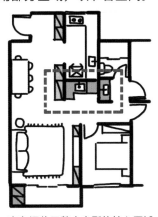

家务间位于整个户型的核心区域

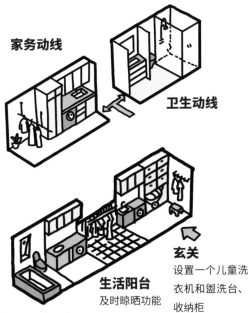

**家务动线**

**卫生动线**

**卫生间 + 家务间**
分离盥洗台到家务区

**生活阳台**
及时晾晒功能

**玄关**
设置一个儿童洗衣机和盥洗台、收纳柜

## 紧密联系家务和卫生动线

家务动线和卫生动线有着较大的相关性，同时又都是用水动线，因此将这两条动线临近布置，有利于节省空间

## 从玄关开始的家务动线

有儿童的家庭，其玄关非常重要，经常需要收纳和清洗儿童的脏衣服，因此可以利用一条较通畅的家务动线串联整个儿童洗涤衣物和清洗身体的区域

# 下篇

## 学会走出去

[ 社区·城市 ]

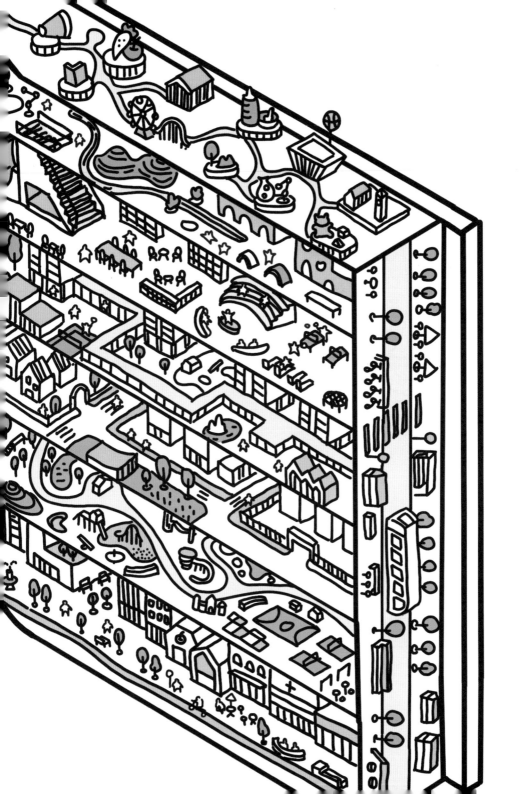

# 第3章

# 社区激活：
# 让居住契合儿童需求

## 3.1 居住区 适合儿童居住的小区

社区交通的组织
楼栋的布置
公共空间趣味多

## 3.2 儿童友好建筑 什么样的建筑设计更适合儿童

垂直社区与公共空间
建筑首层怎么做?

## 3.3 玩耍场地 儿童技能培养的场所

玩耍好处多
游戏中学习
不同的游乐场地

## 3.4 安全 保障儿童安全的措施

环境设计预防犯罪

## 3.5 社区 一起合作培养吧!

社区配套的原则
社区配套的内容
儿童参与空间规划

# 3.1

# 居住区

## 适合儿童居住的小区

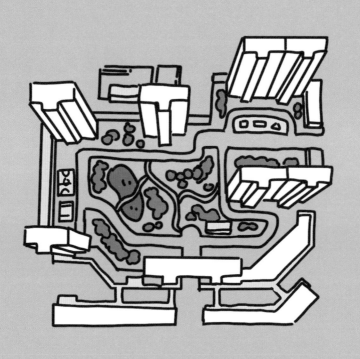

# 居住区

在过去的几十年里，高层住宅的出现影响着儿童的户外活动空间和玩耍场地。儿童独立探索和步行范围的减少，相应的是社会成本的增加——父母需要付出更多的精力保障孩子安全，而孩子由于活动范围的制约，其接触自然环境和探索兴趣的机会也逐渐变少；同时，孩子与人交往的机会也相应减少。

因而，儿童友好型居住区的设计至关重要。居住区是儿童进行户外活动以及丰富自然体验的场所。完善的社区设计可以提供合理的交通组织、建筑布局和相关的儿童活动场地及配套设施。

一个有安全保障的居住区，孩子可以尽情地参与室外活动，家长也可以更放心地让孩子独立玩耍。

一个合理布局的居住区，孩子可以更容易接触到自然环境，而不用在那些高密度的大楼中努力寻找与大自然接触的机会。所有的配套设施有更好的可达性，孩子能够更容易地使用它们。

一个强调社区属性的居住区，邻居们将更加团结互助。适龄的孩子可以一起玩耍，有丰富多样的室内外活动等着他们。在这些集体活动中，孩子们可以发展社交、协作和表达能力，也能相互学习，取长补短，提升各方面的技能。

一个有组织的社区，儿童可以参与到社区维护当中，可以更好地发声，表达他们的需求。这个过程可以培养孩子发展更多的主人翁意识、责任心和集体归属感。

# ■ 社区交通的组织

　　社区是离儿童生活最近的户外活动空间。一个儿童友好型居住区的交通设计，可以帮助孩子们更容易和更安全地到达他们想去的地方。幼儿的活动范围较小，大部分时间由家人在小区陪伴玩耍；随着孩子年龄的增长，其活动范围也随之增大。

### 独立行走

鼓励孩子独立行走是以道路安全为前提的。因此，社区交通的安全性至关重要

### 寻路和活动限制

儿童较难辨识道路，因此需要容易辨识的寻路导识。同时，孩子由于身体条件的限制，面对汽车时更容易发生危险，因此需要提供更好的幼儿活动限制和分隔措施

### 儿童脚程

孩子的脚程短、步伐小，如果道路缺乏乐趣和休息场所，他们就会难以到达离家有一定距离的地方。因而需要在街道旁设置一些辅助设施，如座椅或者游乐设施，提高儿童主动行走的兴趣，同时也让其能得到适当的休息

# 出入口怎么设计？

　　儿童的安全意识较为薄弱，且由于身形较小，在汽车行驶过程中容易被忽视，因此存在着较大的安全隐患。因而，小区的车入口和人行入口应有一定的距离，避免交叉和出现视线盲区。汽车出入口还应减少树木的遮挡。

　　建筑的出入口往往开向观赏性高的景观面，如中庭或小区主干道。这样有利于鼓励儿童参与室外活动，接触自然。同时，较明显的小区出入口不容易让孩子迷路，更容易找到归家的路途。

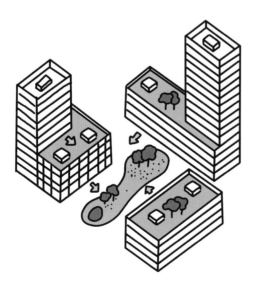

**标志明显的单元入口**

单元入口应设置明显的标志或雕塑、防坠物的雨篷以及无障碍坡道。树木应该由近及远地选择种植草本、灌木和高大树木，以减少遮挡

# 人车分流

　　汽车对于儿童来说是比较危险的，同时汽车的噪声和尾气也会给环境带来负面的影响，严重时可能危害孩子的健康。因而小区的人车分流设计是非常有必要的，小区中设置一定的步行区域可以给儿童提供一个更安全与舒适的玩耍和居住环境。

## 围合的小区
汽车在进入小区前提前进入地下室，小区可以采用围墙或者绿植作为与外界的分隔

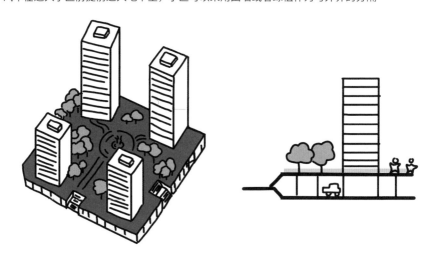

## 抬高地面的小区
整个小区被抬高了半层或一层，居民可以在其上更加安全地活动

# 社区空间

　　社区往往是学龄前儿童主要的户外活动场地，因而需要更多与其相适应的活动空间配套设施，以此可以给儿童提供不同活动的区域和相关服务。

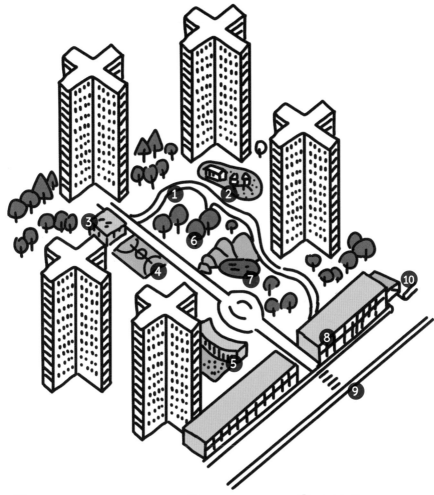

① 趣味步道　　　　　② 游戏场地和设施　　　③ 体育场馆

④ 特定运动场地　　　⑤ 幼儿园或托管区　　　⑥ 自然活动区域

⑦ 草坡、水池等景观　⑧ 相关商业配套　　　　⑨ 人行横道和出入口标志

⑩ 汽车出入口（远离人行出入口）

# 儿童友好型的道路设计

社区里应设有专供行人行走的道路，并适当放大节点，以设置休息或玩耍的区域。同时，与车道有较为明显的分离，保障其安全性。除此之外，具有一定弯曲度的小路可提升道路的趣味性。

### 社区行车道路

社区行车道路应设有明显的人行横道和提前减速带，道路旁应没有视线遮挡；同时，应设置监视器和保安亭，以提升安全性，降低交通事故发生的概率

### 社区小路

社区小路的设置使骑行空间增加，以此鼓励儿童采取骑行或步行的方式上下学。沿路可布置街道家具和玩耍空间，但需要做一些防护隔离带，以保障其安全

### 小区道路

小区道路应具有一定的趣味性和自由度。可以沿路布置一些道路景观和休息区域，以及供儿童玩耍的道路节点

### 宅间小路

住宅楼之间的绿化地带，一般为狭长区域，容易出现视线死角和消极空间。可以通过增设公共活动区域如休息区，提升这些狭小空间的人气

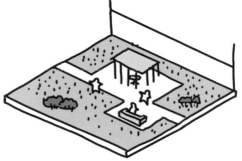

# 辨识度和趣味性

　　孩子的分辨力较弱，对此，可以在小区内设置一些有趣且明显的导视系统，方便儿童记忆和寻路；同时，也可以设置一些有自由弯曲度的景观道路，以增加场所的多样性和趣味性。

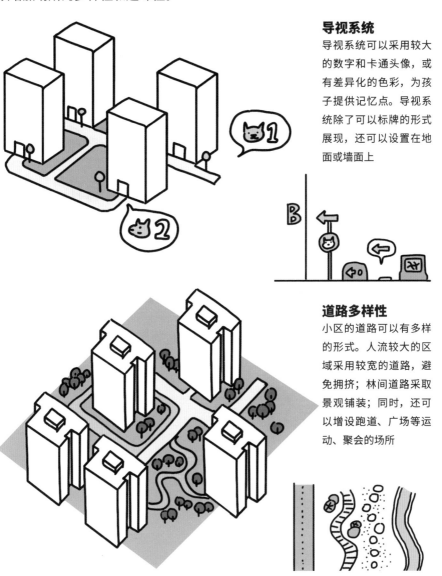

**导视系统**

导视系统可以采用较大的数字和卡通头像，或有差异化的色彩，为孩子提供记忆点。导视系统除了可以标牌的形式展现，还可以设置在地面或墙面上

**道路多样性**

小区的道路可以有多样的形式。人流较大的区域采用较宽的道路，避免拥挤；林间道路采取景观铺装；同时，还可以增设跑道、广场等运动、聚会的场所

# ■ 楼栋的布置

　　建筑低楼层处应设置较大户型，以提供给有儿童的家庭居住。因为这样，孩子可以更快到达室外。低楼层也意味着鼓励孩子不乘坐电梯，而是多走楼梯，从而增加儿童的运动量，降低肥胖的概率。

**多层或高层住宅的低楼层**
居住在较低的楼层，鼓励孩子参与户外活动。孩子之间也更容易结伴玩耍

**利用屋顶**
一些公寓和住宅利用屋顶作为活动空间。孩子也可以尽量居住在靠近户外的楼层

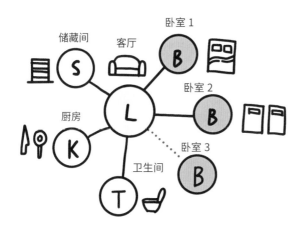

**多卧室**
有儿童的家庭最好选择多于两居室的户型，三或四个居室更利于后期灵活布置

# 相似户型聚集在一起

　　相似的户型最好规划在一起，以降低对噪声的敏感度和增加活动的共通性，让孩子们有更多机会一起玩耍，并发展社区意识；同时，也便于就近集中提供儿童设施。

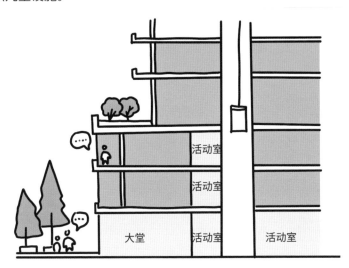

**集中活动区域**
首层和大户型较多的楼层可以增设活动室，供儿童一起玩耍。户外活动固然很好，但室内游戏也是不可替代的

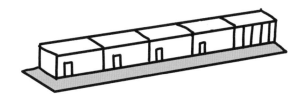

**儿童活动室**
儿童活动室可以布置在孩子较多的楼层，方便孩子们聚集。除此之外，这些活动室最好设在低楼层

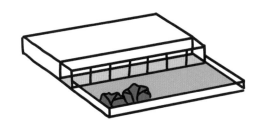

**活动区域**
屋顶花园和露台等活动区域，均可作为孩子一起玩耍的场所

# ■ 公共空间趣味多

　　楼栋的围合有利于家中的父母从窗户眺望正处于围合中心公共空间玩耍的孩子，以提升公共活动场所的安全性。在围合的游戏场地玩耍，孩子也能更有安全感和归属感，家长也更能放心地让孩子独立玩耍。

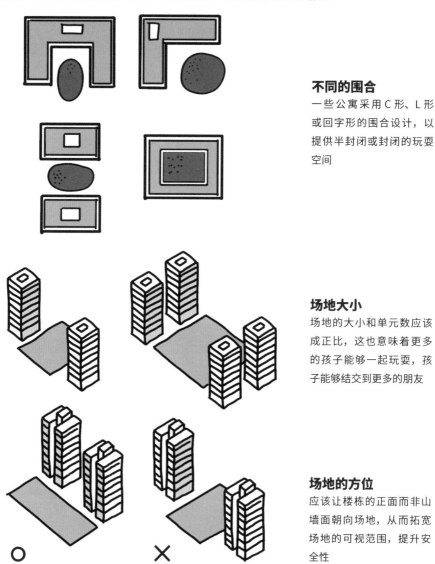

**不同的围合**
一些公寓采用 C 形、L 形或回字形的围合设计，以提供半封闭或封闭的玩耍空间

**场地大小**
场地的大小和单元数应该成正比，这也意味着更多的孩子能够一起玩耍，孩子能够结交到更多的朋友

**场地的方位**
应该让楼栋的正面而非山墙面朝向场地，从而拓宽场地的可视范围，提升安全性

# 楼栋和场地关系

楼栋之间保持较远的距离，避免相互间的日照和视线影响。场地尽量布置在南侧，并缩小高层对活动场地的遮挡范围，提高小区公共空间的日照率，让孩子能够有更多机会在阳光下玩耍，从而让其更健康地成长。同时还应该栽种一定数量的树木，以降低建筑之间的风速。

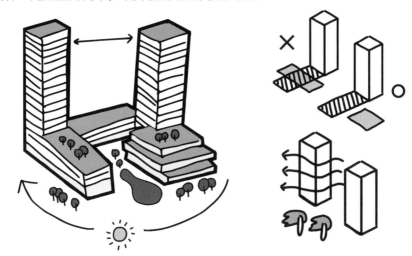

减少建筑之间的相互影响，以及建筑阴影和建筑风洞对场地的影响

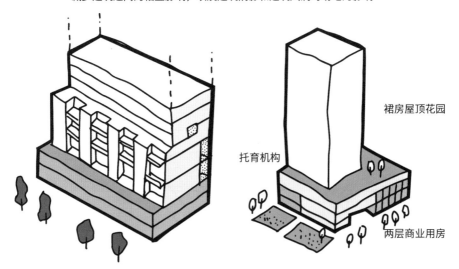

裙房屋顶花园

托育机构

两层商业用房

单层建筑可以适当放大或抬高，形成商业网点，为建筑提供更多的配套

# 设置综合设施空间

　　不同于商住楼常常在底层设置儿童活动室，许多住宅的底层也仍是私人住宅。因此，在这些住宅小区，可以考虑设置一个综合的设施空间，供孩子共同玩耍和社区活动使用，提高小区邻里之间的凝聚力，也让孩子有足够多的玩伴。

## 综合设施空间的位置

综合设施空间位置的选择首要考虑的是各单元住户的可达性以及小区儿童的大致数量。其常常与物管用房设置在一起，但应该避免设置在人员流动较多的位置，且最好只对内开放

综合设施空间往往靠近大门设置，但如果噪音较大或者有垃圾用房，建议将其设置在下风向，从而降低对小区的影响

## 综合设施空间的功能

综合设施空间可以为孩子提供一起玩耍、学习、社交的场所，如儿童阅览室、小小演讲厅、儿童室内运动房、儿童游戏室等

这些社区综合设施空间一方面可以作为社区活动，如公益活动等的场地；另一方面可以作为儿童举办文艺或社交活动的场地，丰富儿童的艺术文化生活

# 全天候的玩耍场地

　　社区应为儿童提供可以全天候玩耍的室内外场地，并配备足够的安全设施。这些场地的设施除了能够全天候使用外，还应具有一定的灵活性和多元化的特征，适合儿童各年龄段使用。

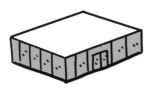

**室内专项运动空间**
游泳馆、健身房等室内专项运动场所

**室外游戏场所**
布满儿童游乐设施的场地

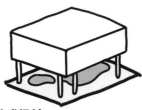

**室内活动室**
提供儿童室内玩耍、学习的场所

**室外休息和行走场地**
凉亭、长廊等趣味休息空间

**架空层游戏场地**
在架空层设计的儿童玩耍区域

**自然活动场地**
结合沙坑、草坡、树林等自然元素打造活动场地

# 3.2

# 儿童友好建筑

## 什么样的建筑设计更适合儿童

# 儿童友好建筑

　　人口的增长以及城市的扩张在带来经济繁荣的同时，对社会和环境也产生了一定的不利影响。因此，建筑类型学研究就显得非常重要了，毕竟，这类建筑设计多年来似乎一直忽视了与孩子的关系。可以见得，高层建筑导致儿童的户外活动空间迅速减少，而儿童肥胖症和其他健康问题的发生率则逐年上升。

　　那么，高层建筑是否能成为益于儿童成长的良好环境呢？考虑到高层建筑数量的空前增长，如果今天的高层建筑类型学研究依然忽视这一点，那么明天的城市中可能就只有很少的空间是针对儿童进行设计的了。

　　随着现代主义的推行和建造技术的发展，住宅类型已从独立式和半独立式的单层结构逐渐转变为由多个住宅单元堆叠成的一座座塔楼。但这些塔楼近来遭到了社会学家、建筑师和城市规划师的质疑。这些质疑大多都与社会问题相关，如其带来的人与人之间孤立和排斥的问题。由于许多城市的高层住宅区位于城市中心之外，而在隐蔽的区域——黑暗的走道以及塔楼内等其他设计不当的角落里，偷盗等犯罪行为时有发生。这种在设计和规划上的缺陷导致高层建筑并不像从前那般受人欢迎。

　　而且，高层住房对于儿童来说更具危险性。即使高层住房为人们提供了人均面积较大的空间，但这种住房设计对抚养孩子是具有挑战性的。随着城市化进程的迅猛发展，考虑到越来越多的家庭选择高层住宅作为心爱之所，城市规划师和建筑师必须开始重视规划和设计更适合儿童生活的住房，包括可供儿童玩耍的公共空间、全面的儿童配套设施、健康的社区公共环境，确保设计可以保障儿童拥有一个健康、安全、有趣的成长环境。

# ■ 垂直社区与公共空间

在建筑业的发展过程中，高层建筑的形式在不停地变化，被赋予了更多的功能，并推广了提高居住质量的措施。从长远来看，垂直社区的宜居性和空间质量将影响整个城市的宜居性。

### 20 世纪 40 年代

最初，多高层建筑主要以满足更多人口的居住需求为主。在 20 世纪 30—40 年代，多高层住宅主要以长条形或者点式为主，而自然环境则围绕建筑存在

◀ 美国麻省理工学院贝克公寓学生宿舍
/ 阿尔瓦·阿尔托

### 20 世纪 50 年代

马赛公寓尝试将公共空间引入建筑内部，以提供垂直化的混合社区。其内部尝试融入了多种社区配套（包括幼儿园、托儿所、屋顶花园、面包房、餐厅、洗衣房等），每个单元体都有防止阳光直射的阳台，且架空层还提供了停车空间

◀ 法国马赛公寓
/ 勒·柯布西耶

### 20 世纪 60—70 年代

在这一时期，粗野主义提供了一些在当时看似"天马行空"的想法，如 Trellick Tower 在设计时尝试将服务塔楼和住区分开，并安装大量的玻璃以获得更多的自然光。除此之外，它还选择了大阳台的设计方式以提供更好的视野。并且，这座公寓为政府公屋，能够让低收入者可以负担得起

◀ 英国 Trellick Tower
/ Erno Goldfinger

## 20 世纪 60—70 年代

这一时期是大规模的重建时期，如当时的英国巴比肯庄园区作为一个具有混合用途的住宅开发项目，引入了人车分流设计，并构建了高层和多层建筑的混合体，而裙房的概念也开始引入高层。在这一时期，父母对与儿童的独立玩耍明显更加放心

◀ 英国伦敦巴比肯地产

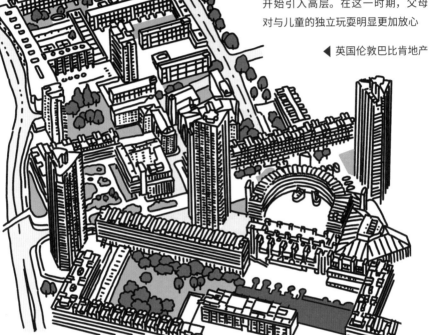

## 1975—1995 年

在这一时期，居住区受到当时全球经济下挫的影响。为了缓解人口膨胀的压力，开发商不再给高层加入新的功能元素，而是只提供居住功能。这个阶段的高层开始变得更密，而高层社区领域也开始封闭起来以求解决安全问题

◀ 新加坡组屋

# 城市公园在哪里?

　　随着社会经济的发展,住宅设计重新考虑起了为家庭建造、高低密度搭配、社区公园和屋顶绿化等设计形式。并且,一些新功能开始引入,如俱乐部、运动场、幼儿园和购物中心。游乐场地不再仅仅设置于地面,而多首层的概念也开始出现在住宅设计中。

## 利用城市公园

点式超高层是一种高层建筑形式。技术的发展让建筑能够建得更高,而玻璃幕墙的出现则给予了建筑内部住户全景的视野。如美国纽约曼哈顿就较多采用了这种设计形式,人们居住在超高层里,共享一个较大面积的城市公园

## 利用空中走廊和花园

1972 年由史密森夫妇设计的罗宾伍德花园是倡导功利主义美学的社会学住宅。这座建筑的特点是引入了"空中步道"和公共花园阳台,并且在社区中间提供了可供儿童玩耍的广场。这一设计手法也被许多的建筑设计所引用,如世界最高的公营住宅,位于新加坡的达士岭组屋,其 26 楼及 50 楼的空中花园是世界上最长的空中花园之一,也是住宅和景观结合的典范。塔楼底部还包含了业主委员会中心、教育中心与儿童看护中心、运动场和公园

◀ 英国罗宾伍德花园

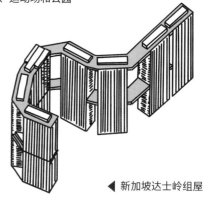

◀ 新加坡达士岭组屋

　　21 世纪后，高层建筑设计更加重视舒适度和设施便捷性。这时期的高层社区本身就是一个微缩城市。在这样的社区，人们可以解决几乎所有的生活需求。同时，不同层高的花园露台为孩子们的玩耍带来更多的乐趣。

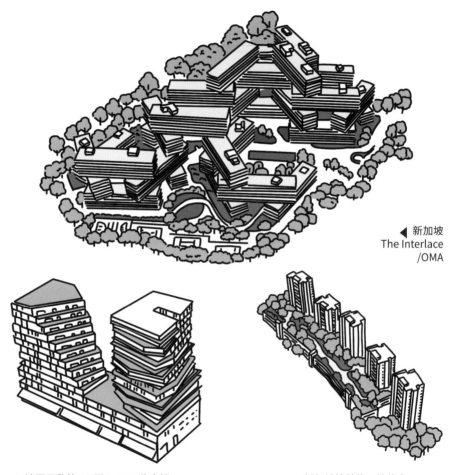

▲ 新加坡
The Interlace
/OMA

▲ 法国巴黎第 13 区 HOME 住宅楼　　　　　　▲ 新加坡榜鹅的一处住宅

## 设置屋顶花园的垂直社区

由 OMA 设计的新加坡住宅 The Interlace，提供了一千多套住宅单元，且具有广阔的景观视野、宜人的公共露台。与其周围相互连接的街区形成了一个垂直的城市社区，并设有屋顶花园、空中露台、层叠阳台。另外，地面的车辆流通量被最小化，释放了更多的绿地。这种利用屋顶或阳台的做法，在许多的公寓住宅项目中都有所体现。它们提升了孩子玩耍的便捷性，提供了更多亲近自然的机会。建筑和城市的界限变得模糊，高层变得像一座功能齐全的城市

# 高层建筑带来的问题

　　高层建筑的出现虽然在一定程度上解决了人们的住房需求，但同时也带来了一些不利的影响，尤其对于儿童来说，如室外活动空间的迅速缩小，以致其过于依赖电视、游戏和社交媒体，从而导致其出现视力下降和身体肥胖等各种健康问题。同时，儿童的认知发展和社交合作能力发展也受到阻碍；除此之外，他们探索自然的机会减少，甚至会出现"自然缺失症"的状况。

**沉迷平板电脑**

沉迷于平板电脑，对孩子的身心都有较大的危害，如缺乏锻炼、必要的社交、运动以及与大自然接触的机会，让孩子的身心难以健康发育

**孤独问题**

高层住户间的邻里关系往往比较陌生，这导致孩子们可能会缺少玩伴，也容易对父母过于依赖

## 垂直化布置设施的好处

　　在楼层垂直方向布置多处与儿童相关的活动设施，并让更多的室外活动空间与高层结合，供孩子们一起玩耍，鼓励其多参与运动和社交。每 5 层设置活动设施是比较好的选择，垂直化设施为孩子们提供更多的社交机会。

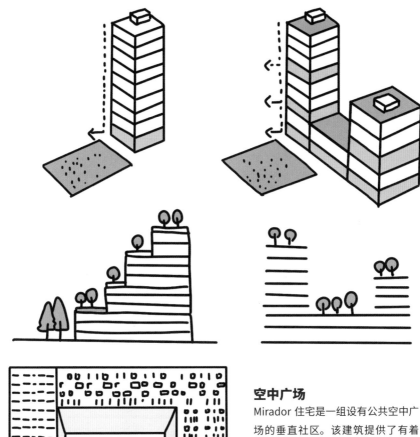

### 空中广场

Mirador 住宅是一组设有公共空中广场的垂直社区。该建筑提供了有着巨大视野的空中观景空间，和半开放式的楼梯，可以提供给孩子更多玩耍和运动的机会

◀ 西班牙 Mirador 住宅
/（MVRDV & Blanca Lleó.）

# 公共空间的增大

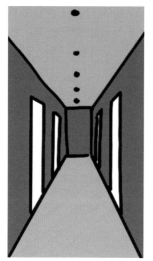

建筑空间的布局对孩子的健康也有显著的影响。狭窄的空间会让建筑内部又热又闷，通风效果也不好，这都不利于儿童的健康成长。

另外，一栋建筑居住的人数过多也容易导致流感等传染病的扩散。特别是建筑物中的走廊、门把手和电梯，是流行病传染的主要渠道。

因此，合理设计公共走廊非常重要。

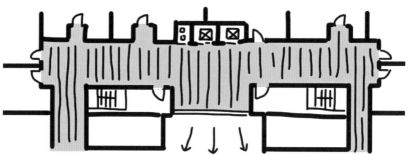

适当扩大走廊或者增设通风井和获得更多采光，可以让走廊变得更加明亮，如果有自然通风则对整个走廊的环境有更大的提升

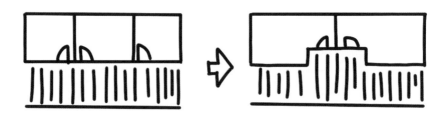

在走道中设计一些用于储藏和展示的区域，可让走廊不显得那么拥挤和单调

# 空中活动室

在大户型集中的区域可将其走廊的部分空间作为儿童活动的区域。如果交通空间和室内设施配套的房间相邻，那么这些房间还具有鼓励社交的功能。

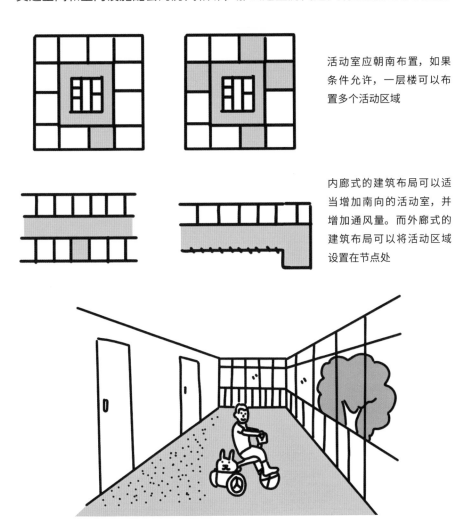

活动室应朝南布置，如果条件允许，一层楼可以布置多个活动区域

内廊式的建筑布局可以适当增加南向的活动室，并增加通风量。而外廊式的建筑布局可以将活动区域设置在节点处

## 空中走廊

公寓的交通空间可以被设计为类似街道的形式，为邻里间提供更多交流的机会。但需注意交通空间的开放性和尺寸，同时也要注意走廊的安全性

# 楼梯：鼓励儿童主动运动

　　楼梯可以为儿童提供更多运动的机会。许多孩子都喜欢跳台阶，这不仅充满乐趣，还有益于锻炼和促进骨骼发育。但现在的高层建筑，孩子较多依赖电梯出行，这在一定程度上降低了儿童运动的主动性。

自然光

儿童扶手

色彩和标志

## 楼梯设计

通过在与儿童平均身高的高度处设置扶手，可以辅助其上下楼，同时增添一些较为明显的标志和色彩，可以帮助儿童看清每一个台阶，提高安全性和趣味性，鼓励孩子多使用楼梯

## 与景观结合

一些开放式楼梯可以和景观结合设计，以提高楼梯的开放性和可观赏性，吸引孩子多使用楼梯

景观设计与充足的光照可以让爬楼梯这件事变得有趣，让孩子们更享受和更主动地锻炼身体

## 增加踏步

成人楼梯对于幼儿的使用实际上是比较吃力的，但如果在楼梯一端设置一些小台阶，就可以帮助孩子们更安全地上下楼

# 跃层住宅

　　跃层住宅可以减小公摊面积，并且使每层都有较好的采光和通风；同时，空间设计也可以更加灵活，适当通高的设计让房间不再显得狭小。

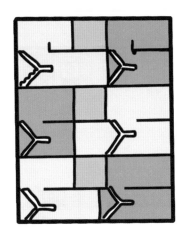

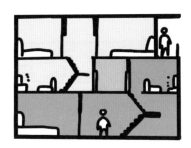

### 减小公摊面积
通过设置通廊和跃层，可以有效地减小公摊面积，提高交通空间的使用效率

### 空间灵活性
多层建筑的设计可以在其中设置儿童滑梯供孩子玩耍，也可以设计通高的空间，提供更宽阔的视野和充足的采光

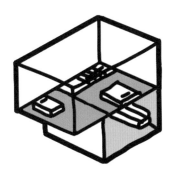

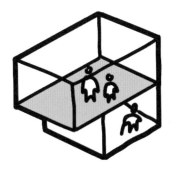

### 动静分区
跃层住宅可以将客餐厅和起居室分层设置，做到动静分区。孩子在下层玩耍不会影响到大人在上层工作或休息

### 三代同堂
跃层住宅可以设置成三代居，让每位家庭成员都有一定的私密空间

# ■ 建筑首层怎么做？

　　无论是通廊式公寓还是板式住宅，首层的空间都可以为孩子们提供更便利的公共配套设施。大堂不只是交通空间，更是交流空间。大堂里可以设置儿童活动室、储藏区、卫生间、清洗室等。

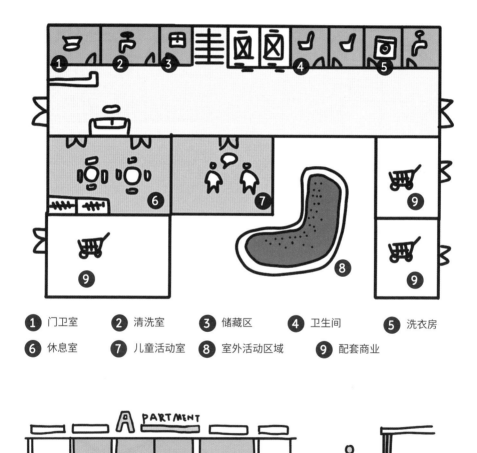

① 门卫室　　② 清洗室　　③ 储藏区　　④ 卫生间　　⑤ 洗衣房

⑥ 休息室　　⑦ 儿童活动室　　⑧ 室外活动区域　　⑨ 配套商业

大堂入口处应设置明显的标志和无障碍坡道，并且在其周边尽量采用透明的围护结构，以便保障儿童安全

# 支持儿童户外活动的首层配套设施

　　建筑首层可以设置清洗室、储藏室和卫生间，分别为住户提供清洗、收纳大型物品（如婴儿车、小自行车、野餐车等）、如厕等功能，让孩子更加方便地外出活动。

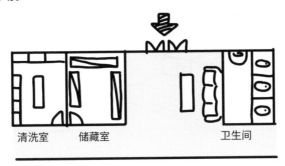

清洗室　　　储藏室　　　　　　　　　卫生间

## 使用便捷

合理的首层空间设计可以让住户使用更便捷，住得也更舒适。如宠物清洗间的设置可以让儿童在遛狗后及时为宠物清洗；儿童卫生间的设置可以让其在外玩了泥巴之后，回来能迅速清除干净身上的泥巴，或者在玩耍时不用上楼就可以使用卫生间。而储藏间的设置可以减少家庭储藏的负担。如果是公共建筑的首层，还应该提供母婴室以便哺乳期的母亲和孩子使用

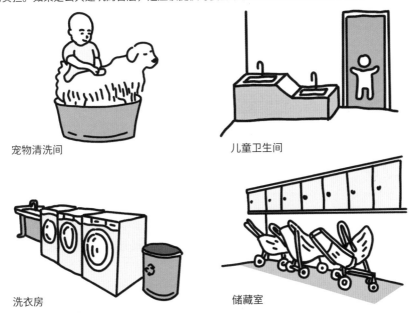

宠物清洗间　　　　　　　　　　儿童卫生间

洗衣房　　　　　　　　　　　　储藏室

# 共享活动室

　　在建筑首层设置的儿童活动室，最好邻近出入口或者大堂，也可以邻近其他的公共活动空间如老年活动室或者物管用房，以便于成人照看孩子。除此之外，儿童设施区域应该布置在临近交通空间的位置，以便于增加儿童社交和参与集体活动的机会。

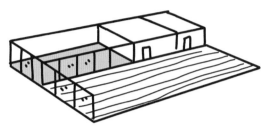

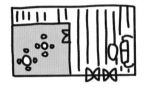

### 透明材质的围护

儿童活动有明显的同龄聚集性。透明的活动室玻璃可以吸引更多的同龄人参与到集体活动中。除了物业可以提供一些共享玩具外，小朋友们还可以在其中学会分享自己的玩具

不过，也要注意在透明玻璃上粘贴标识和布设防撞措施，防止小孩子撞伤

### 丰富的活动用具

好奇心促使孩子会不断探索一些新的场所和项目，在他们感兴趣的场所里观察和尝试新事物。丰富的活动有助于儿童相互学习，一起提高认知水平和与人相处的能力

### 活动室内饰

提供内置式的家具和不可燃且不宜滑倒的地面以及其他安全措施

活动室里应该配备适宜亮度的照明，并保证活动室的隔声效果，以更好地为孩子提供室内玩耍的乐园

　　首层公共空间可以采用共享经济的策略，由物管提供玩具、工具和设施，以满足每家每户的储藏需求。儿童友好型的大堂可以让住在一栋楼里的孩子们有更多相处的机会。

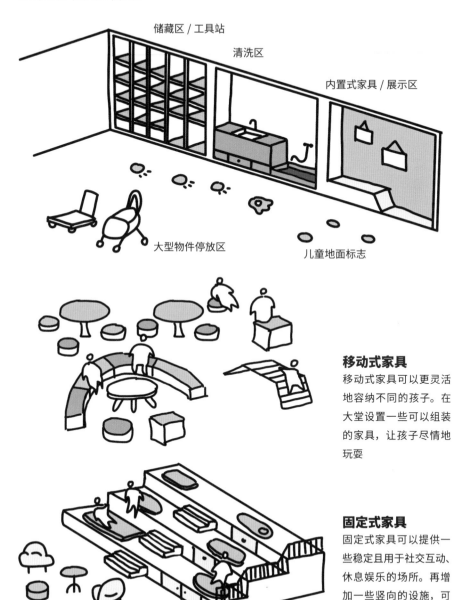

储藏区 / 工具站

清洗区

内置式家具 / 展示区

大型物件停放区

儿童地面标志

**移动式家具**

移动式家具可以更灵活地容纳不同的孩子。在大堂设置一些可以组装的家具，让孩子尽情地玩耍

**固定式家具**

固定式家具可以提供一些稳定且用于社交互动、休息娱乐的场所。再增加一些竖向的设施，可以提升空间的趣味性

# 架空层：儿童半室外活动区域

　　架空层是一个半开放的空间，能遮阳遮雨且通风良好，可以给孩子提供全天候的活动区域。其设计可以将自然景观、生活设施和游戏器械等相结合，为儿童打造绝佳的成长基地。

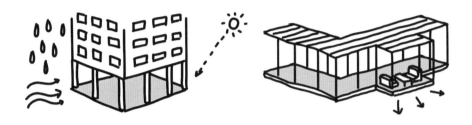

　　风雨连廊可以贯穿多个架空层，从而形成多个共享庭院。扩大连廊上的节点以作为休息的场所，并面向儿童室外活动场地设置。

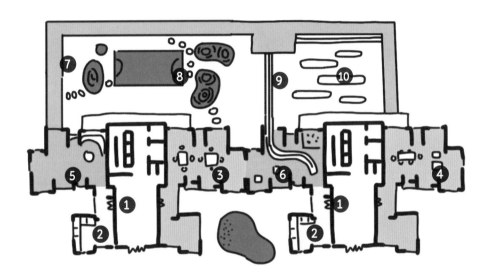

**1** 大堂　　**2** 储藏区　　**3** 休息区、家长活动室　　**4** 共享活动区

**5** 陈列区　　**6** 儿童活动区　　**7** 连廊

**8** 室外活动区　　**9** 儿童跑道　　**10** 庭院景观、条石、雕塑

现在的架空层可以采用泛会所化、半开放式、泛自然化等方式提供不同的使用功能。通过增设幕墙或外墙，以及增加内外分区或利用绿植划分等方式，架空层区域可以产生不同的空间效果。

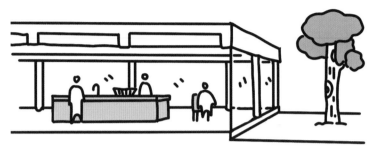

**泛会所化**

根据大堂各功能的分布可以增设一些透明幕墙，做成供住户交流和休息的会所。如果担心硬性的隔断会增加公摊面积，那么采用木格栅等软性隔断也是一种提升围合感的方式

**半开放式**

在架空层原有的墙面、地面上，增设一些运动装置，以及铺设一些地面图案和墙面装饰，以半开放式的空间形式为住户提供公共活动区域

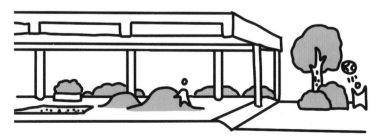

**泛自然化**

通过人造草坡、种植池等景观设计，降低室外绿化和架空层的隔离感，使两者更融为一体。同时，可以在架空层增设沙坑、水池等。这样的沙坑不容易被雨淋湿，也能让儿童更加尽情地玩耍

　　架空层可以作为一个社区"插件"，植入到每一栋楼，为社区提供更多的附加功能，以满足日益多样化的儿童需求。这里可以作为收纳储藏大型物件的场所，也可以作为孩子玩耍、运动的游乐场。

**玩耍区**
孩子们可以在架空层玩耍，即便是雨天也能参加半室外的活动

**运动区**
孩子们可以在架空层进行锻炼，但该区应铺设防摔塑胶地面

**阅读区**
孩子们可以在这里一起阅读，享受共同获取知识的时光

**演讲区**
孩子们可以在墙上展示自己的作品，并和朋友们一起分享自己的想法

**种植区**
让孩子参与到社区绿化的维护中，并学会分辨植物和记录植物成长

**储藏区**
存放一些大型儿童物件，如自行车、婴儿车等

　　架空层中不同的功能模块可以灵活配置，以为儿童创造更好的玩耍条件。架空层中的运动器械由于不受风雨侵蚀，其耐久性得到大幅提升，也更容易维护。而架空层里的水池、沙坑等也不易受到雨雪、飞沙和落叶的侵袭，从而更加干净。

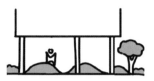

**亲近自然区**

草坡、沙坑、水池、艺术地形等玩耍场所

**休息区**

儿童和看护人进行休息及交流的区域，提供座椅和桌子

**生活集市**

生活物品等的销售，方便购买必需品

**种植园**

儿童参与社区种植、种子研究等活动的区域

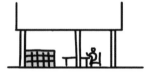

**图书室**

孩子们一起读书和学习的共享书吧，以设置书架和桌椅为主

**家长沙龙**

家长们一起分享育儿知识，并进行日常交流的场所

**游乐场**

提供游乐设施供孩子玩耍，可以布置不同的玩耍主题

**健身房**

可提供儿童健身器械的锻炼场所，增加全天候锻炼的可能

**清洗区**

提供卫生间、洗手台、宠物清洗池等用水场所

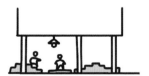

**演讲厅**

儿童进行演讲、讨论、展示才艺的场所

**储藏区**

储藏儿童运动物品和大型器械，使出行更便捷

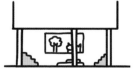

**电影院**

共同欣赏家庭影片的场所，孩子们更有参与感

# 3.3

# 玩耍场地

## 儿童技能培养的场所

# 玩耍场地

　　游戏之乐是美好童年的有机组成，对儿童的健康和未来发展有至关重要的影响。通过玩耍，孩子可以体验丰富的情感、发挥创造力且对环境的适应能力也得到相应的提升；除此之外，玩耍还可以帮助孩子避免出现肥胖、注意力障碍等问题。

　　一方面，玩耍可以促进儿童自身技能和心理的发展。户外玩耍尤其是体育运动，可以促进儿童身体健康成长，有助于强健骨骼和肌肉力量。同时，玩耍可以增强儿童独立学习的信心、自尊心和认知能力。除此之外，儿童通过游戏可以获得更多的幸福感，有利于他们的社交和情感的发展。

　　另一方面，在没有成人陪伴的情况下，玩耍可以帮助孩子们获得独立的行动能力，探索自己的世界并认识自己的身份。通过玩耍，儿童在相互帮助、合作、分享解决问题的过程中，其表达能力、规则意识和观察能力等都能得到提升。

　　对于社区来说，不同位置和不同尺寸的玩耍场地为不同年龄段的孩子提供了多元化的活动场所。这些场所应具备针对儿童的可达性和安全性，以满足其不同的需求。自然场地、游乐场、公园、体育馆等不同类型的活动场所可以帮助孩子发展多项技能。

　　除此之外，还应鼓励城市为儿童提供更多非正式的玩耍场地，以满足儿童的日常活动需求。传统的城市广场设计实际上并不能让儿童充分发挥主观能动性。因而，需要让孩子参与到无组织的自由活动中。通过非结构化甚至是有些冒险的活动，帮助孩子学会独立应对陌生环境，提高其适应能力和韧性，让孩子学会独立找出解决问题的方法。

# 玩耍好处多

玩耍对整个童年的健康发展至关重要，有助于儿童身体、智力、情感和心理各项的发展。同时，充满乐趣的游戏和体育活动也能增强儿童骨骼发展和提升认知能力。

### 探索性和创造性

儿童可以利用场所中的各类可操作性元素进行发掘和观察，如沙石、花草、互动器械等。在这个过程中，孩子可以体验世界的多元，并了解周围的环境

### 多样性

游戏场地应该提供丰富的游戏设施。这一方面是因为儿童需要通过不同的游戏形式发展各项技能；另一方面，儿童对事物有很强的好奇心和探索欲，多种玩耍方式更能激发他们的活力

### 原生性和自然力

儿童场所应有足够多的自然元素，这有利于儿童情绪和健康的自我管理。像林地、溪流等区域都可为儿童提供选择做什么和去哪里的自由，激发其想象力

### 依赖性

儿童之间难免存在一些小摩擦。因此，活动区域需要提供监护人可使用的区域，以保证儿童的安全

**心理和情感发展**

游戏本身带来的幸福感，让孩子们体验到丰富的情感，使其身心健康发展

**提高韧性**

通过挑战和冒险，体验不确定性和意外，以应对和适应未来成长将会遇到的各种情况

**独立能力**

提供独立学习的机会。孩子通过独立完成任务，可以建立信心，获得成就感，进而发展更多的独立行动能力

**体育锻炼和身体成长**

体育活动，可以促进儿童骨骼、肌肉力量等的发展；同时，可以提升其认知能力

**表达和社交能力**

在游戏中，通过交流，可以提高儿童的表达能力，丰富词汇量和提升理解能力，并让孩子有解决问题的动力和自信

**社会认同**

创建孩子与社会之间的联系，让孩子们认识自己的社会身份，了解和尊重他人。儿童会从中获得自豪感、价值感和社会认同感

# 儿童活动与成长

　　儿童能够自己设计游戏、制订规则也是一项至关重要的能力。从他人和环境的反馈中，孩子可以了解到他们的行为所产生的影响，以及感受到他人的重视。尊重儿童的意见并将其纳入可玩空间的规划有助于培养其主动积极性，并促进社会参与。

## 自由度

游戏环境应具有灵活性，孩子们可以创造和设计自己的游戏世界，这有利于培养其想象力和创造力

幼儿不应该只是被动的学习者，他们喜欢参与"动手"和"动脑"的活动。他们通过做出选择、发展兴趣、提出问题、探索规律以积极推动自己各项能力的发展

## 角色扮演

孩子们可以在角色扮演当中尝试新的身份和体验，让他们可以重新定义自己，提高其多元化的认知

孩子们通过在扮演游戏中与他人协作和互助、管理和承担责任、体验和尝试新事物，来提高自身适应力，以此建立积极的身份认同感

## 步入自然

自然环境可以减少儿童攻击性行为的出现，让其与他人的关系更加和谐。绿色空间不仅能够减轻压力和缓解疲劳，还可以改善儿童情绪和行为，促进幸福感的提升

自然空间与城市不同，它更具有新鲜感、挑战性和独特性，让孩子可以体验不同的环境，为其提供不同玩耍方式的机会

# 社会认同和反馈

　　可玩空间的开发可以促进当地居民的互动、提高社区凝聚力和社区安全性。在可供儿童玩耍的社区空间，儿童及其家人可以相互交流，共同创造更安全和更积极的社区氛围。儿童友好型的社区应该确保能够提供对于儿童来说高质量的游乐空间。

**1** 宅间玩耍场地、广场和休息区　　　　　　**2** 宅间特色游乐区、水景和花镜

**3** 专业体育运动场地，结合学校或社区中心

**4** 草坪或小树林等城市自然景观玩耍场地

**5** 城市游乐区，结合城市广场、商业外摆、公交站点等

# ■ 游戏中学习

　　玩耍是儿童的天性。游戏的方式可以多种多样，**没有所谓的"正确"或"错误"**。多元化的游戏类型可以帮助孩子发展不同的技能。

### 柔和安静的
孩子可以通过安静、私密的环境思考自我、冥想和舒展身体

### 思考性的
益智类和富有想象力的游戏对儿童认知发展非常重要；而工艺和设计类的游戏可以为孩子提供更多发展精细运动、手指控制和身体协调等能力的机会

### 冒险性的
儿童能够从承担风险和挑战自我的游戏中受益，一些有难度的游戏设施可以帮助孩子们提高韧性和自信心，让他们保持谨慎、平衡以及学会发现危险

### 探索性的
探索性的游戏场地可以提高孩子的主动性，激励孩子自我探寻、发现问题和深度思考

# 一起冒险吧！

　　如果不允许儿童冒险，他们可能会在成长的过程中过于保持谨慎，无法判断潜在的危险情况，并难以适应变化万千的外界环境。因此，需要提供适当的**逆境空间和挑战性设施**，帮助孩子提高韧性，了解风险并学会应对困难。

### 人工的游戏设施

无动力游乐场地为孩子提供不同的冒险机会，这些精心设计的设施，在具有一定冒险性的同时又保证了安全性

### 自然环境

自然环境适合徒步和攀爬，这类自然场地非常吸引孩子，但也需要大人的陪同，因为大自然本身是具有一定的危险性和不可预测的因素的

### 自然和人工结合

游乐设施可以设置在自然环境中，并配备一定的防护措施，在保障其安全的情况下让孩子参与冒险性的活动

# 非结构化场地

　　高质量和无障碍的可玩空间通过减少危险来保护儿童，同时让他们有机会挑战自我并发挥其主动性。儿童需要学会应对困难、从逆境中成长以及制订策略以适应逆境，从而提高自信心和适应能力。

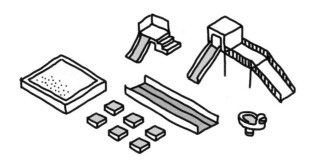

## 指定性游乐场

专为游戏和休闲而设计的可玩空间。这类场地比较规整，在居住区和社区公园最为常见

## 冒险乐园

具备一定冒险性的自然乐园限制较少。这类乐园主要采用自然元素，如浅水池塘、树木、沙丘、沙坑等。这都为儿童的探索发现，以及提升想象力和培养冒险精神提供充分的条件

## "垃圾场"乐园

将废弃场作为玩耍场地是丹麦兴起的一种具有创意性的游玩场所。废弃的门、家具、轮胎、船只等物品均可以成为儿童的"玩具"

# 发挥创造力吧！

**游戏是儿童成长过程中发展各项技能的炼金石**。儿童在游戏中努力发挥创造力以找到解决问题的方法。此外，大型设施和玩具在儿童的认知发展中也发挥着重要作用。儿童可以不按照惯常的方式使用这些玩具，而是充分发挥他们的创造力以自己的方式构建心中的图景。

## 建筑手工作坊

"浓缩"的建筑乐园，有趣的空间设置。比起大型的游玩场所，这些手工作坊也许更能激发孩子的创造力、协作能力、思考能力以及动手能力。不过要注意避免钉子等尖锐物品对孩子的伤害，对此，应先培养孩子分辨危险的能力，并对这些材料进行一定的处理

## 街道玩具和互动装置

街道的"放大版玩具"可以做到更加安全。而这种较大的玩具更能锻炼孩子们的身体协调能力和整体思考能力，给孩子们自由、不受约束的游戏机会，鼓励他们积极发现生活的乐趣和搭建属于他们的小世界，更能增强其空间感和方向感，帮助他们认知世界和体验不同的空间

# 促进亲子关系

　　游戏可以帮助儿童建立和成人之间更多的情感连接，加强亲子关系。儿童可以通过互动性强的游戏装置，在特定的时间里与家人一起度过更有趣的时光。

**1** 互动性游戏设施（父母可以参与）　　　　　**2** 文化墙（限定空间）

**3** 树池搭配座椅（乘凉场所）　　　　　　　　**4** 监护人休息场所（有遮蔽）

**5** 有限定缓冲空间的儿童玩耍场地（带沙坑和水池）

**6** 多年龄段活动场地

**7** 交流场地（适合聊天、休憩）

**8** 树篱（和车行道形成一定间隔）

# 增进与他人的友谊

　　玩耍也同样有助于儿童发展自己的身份意识和融入社会环境的能力。在玩耍中，儿童通过与他人的交流、合作、互助，提升人际交往能力并获得友谊。

## 竞技类游戏

通过合作或竞争等竞技类游戏，儿童可以提高合作意识和竞争意识，以及自主性。通过设置适当的竞技场地和设施，可以为孩子们参与比赛等活动提供更多的机会

## 合作类游戏

孩子们为了完成一个共同的目标，集思广益，一起分享解决方案，共同努力解决问题。通过提供足够的活动空间和自主性设施，让孩子们可以有机会参与到这类游戏当中

## 模拟类游戏

角色扮演已被证明有助于儿童获得归属感，提高他们的社交技能，并有助于培养儿童与成人世界的关系。可以通过提供模拟微缩的儿童玩具，让孩子尽情享受模拟类游戏的乐趣

# ■ 不同的游乐场地

　　孩子们的户外游戏通常发生在不同类型的游戏空间。除了专业的游乐场地，这些空间还包括街道、公园、广场、运动场、草地以及城市里大大小小的开放空间。即使是专门设计的游乐场地，也可以是多元化的，如儿童游乐场、自行车和滑板公园、球场等。

自然草坪

城市广场

街道家具

专项运动场

广场出入口

儿童游乐场

　　多元化的社区场地可以满足孩子的不同需求，使其有机会尝试不同的活动。不只是结构化的游乐场地，那些非正式的公共活动空间同样可以作为儿童接触室外运动的场所。

# 正式和非正式的

　　游乐空间建设的成本取决于其所处的位置和周围人群的需求。即便是废弃的铁路线和地下通道、旧露台后面的小巷、废弃停车位、宅间小巷，都可以作为儿童的玩耍空间。这些空间可通过设置一定的安全措施变得更加安全。同时，这些场所的"不寻常"，对儿童也极具吸引力。

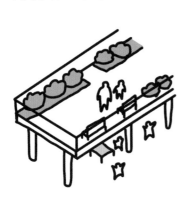

## 废弃桥梁和桥下空间

纽约高线公园的景观再生设计是经典的城市更新案例。同样，桥下空间也可以利用起来，作为孩子运动和玩耍的场地，并具有一定的遮阳避雨功能

## 小巷

这些隐蔽而狭长的空间可以通过提供更多的休息场所、绿化景观、安全措施等，吸引人群和提高场所的安全性

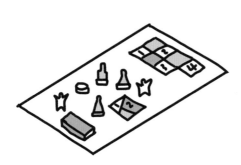

## 废弃停车场

许多原本废弃的露天停车场也可以作为儿童玩耍的场地，通过布置街道家具和彩绘地面等方式可以让这些空地生动起来，提高场地的可用性并鼓励孩子们参与到集体活动中来

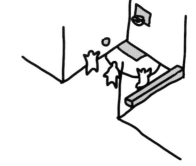

## 边角空间

街道或建筑之间的边角空间可以作为运动场地和休息空间。让这些空间变得更加有趣，可以吸引更多的人停留，从而成为街道活动的催化剂

# 不同位置的活动场地

　　位置是影响儿童玩耍空间大小的重要因素之一。一般来说，孩子们喜欢在离家近的地方玩耍，在那里可以被监护人保护和碰到熟悉的玩伴。按照位置来分，这些空间可分为门外活动场地、组团玩耍场地和社区及城市游乐场地。

60~100m　　　　250m　　　　600m

　　门外活动场地通常离家的距离为 60~100m，儿童尤其是幼儿往往需要在成人的视线范围内玩耍，所以像这类型的空间是他们最主要的活动区域；组团玩耍场地适合孩子独自步行或与朋友结伴而行，这些区域往往处于离家250m 左右的范围内；社区及城市游乐场地位于离家约 600m 的范围内，提供更加多样的游戏体验，但也需要行走更长的时间，适合有同伴或家长共同前往。

## 门外活动场地

这些活动场地可以是小区里的开放空间、住宅街道或专门设计的小型游乐区。这些游乐区离家足够近，容易让孩子感到安全，并满足在成人的视线范围内玩耍的需求。这些空间可以设置一些有趣的景观和少量游乐设施，以打造出为儿童玩耍的环境，并能够有更多机会与其他孩子进行互动。它还应该能够为监护人提供座位，以便其可以坐下和陪伴孩子

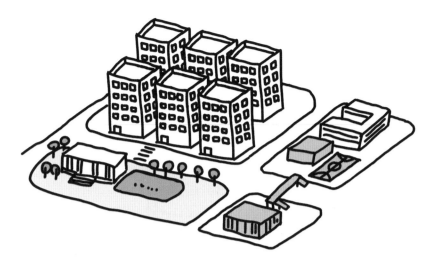

## 组团玩耍场地

这些活动场地较大，通常处在小区组团之间，甚至完全处在规模较大的小区里。这些场地通常是小公园、草地，或者是放学后开放的学校操场。这类场地对孩子更有吸引力，并且可以提供丰富的设施，满足孩子聚会和进行球类运动、轮式运动等的需求

## 社区及城市游乐场地

社区及城市可以提供更大和更专业的空间以及设施，儿童可以在监护人或同龄人的陪伴下，一起前往这些场所度过游戏时光。公园、林地、运动场和体育场馆等场所可以提供更加多样的体验，并有足够的空间举办更大型的集体性竞技运动比赛，使儿童活动更具挑战性和趣味性

# 不同类别的孩子们

　　不同年龄段的孩子活动半径不同，一般 6 岁以下的儿童常由家长陪伴着玩耍，而 6 岁以上的孩子更倾向群体活动，他们的运动能力也变得更强。因此，在儿童活动场所的位置选择和设施设置上，应该对不同年龄段的儿童活动进行合理规划，同时还应对每个区域提供足够的安全措施，避免身体发生碰撞。

### 不同年龄段分开活动
在对游乐场进行布局时，应将年幼儿童的游乐区与年龄较大的儿童的游乐区分开设置，并且放置每个游乐区适宜人群的标志以尽量减少混乱

### 尊重性别特质
每个性别都有自己的特质。《The Two Sexes：Growing up Apart，Coming Together》中提到，男孩更倾向于竞争性、对抗性类可以赢得尊重的活动，而女孩则倾向于合作性和注重分享的角色扮演活动，也更重视情感交流。这些特征通常是由遗传倾向或社会化特征造成的。不过随着儿童的成长，基于性别的行为模式不一定会随着时间的推移稳定不变，但至少在儿童时期我们应该为孩子们提供多元化的玩耍场地

# 不同年龄的孩子们

## 2 岁以下

游乐区应该为 2 岁以下的幼儿提供足够的空间供其探索事物和自由爬行。这个年龄段的孩子处在感官发育的敏感时期，倾向于用眼睛、嘴巴、手、躯干和脚来探索周围的环境。游乐区应减少对这个年龄段儿童的干扰，并能够让其较为独立地探索环境。游乐区必须为其爬行、坐、站立、行走提供足够的空间

## 2~6 岁

他们会在游乐区里探索和观察事物。针对这个年龄段设置的游乐区设施必须具有一定的挑战性，但要确保其安全性。这个年龄段的儿童的游乐区往往设有可以进行攀爬、爬行、游戏、精细运动等活动的游戏设施

## 6~12 岁

处在这个年龄阶段的儿童随着年龄的增长，所喜爱的游戏也更加复杂。通过这些游戏其社交能力、创造力、协调性、肌肉力量和运动技能得到不断的提升。因此，游乐区必须配备稍大的游戏设施和提供挑战、冒险的机会

# 灵活性：空间的转化

　　一些游乐场的设施可以随着季节或天气的变化而灵活变化。表现最为明显的是轮滑场地，其在不同季节可以提供多种活动，即冬季作为溜冰场、夏季作为轮滑场、雨季可以作为蓄水场所，孩子们可以在此戏水游玩。此外，这类场所还可以在夜晚作为小型露天表演的场地。

　　为这些游乐场所增加一些遮雨纳凉的设施，可以提高其使用率，家长也不用担心孩子们淋雨或者中暑。不过并不是所有的游乐场都需要覆盖，室外游乐场的魅力正是在于阳光。让孩子们在阳光下玩耍，可以有效地促进其骨骼生长和心理发育。

# 植物如何配置？

　　游乐场所的植物配置应当多元化，适当种植一些常绿植物，可以使活动空间即便是在冬天也能显得生机勃勃。儿童游乐场所配置的植物还应为无刺、无毒的。孩子和宠物大多喜欢抓取和观察植物，因此在植物的选择上必须慎重，避免使其受伤。

### 景观小品

植物元素应该和景观小品相结合，以创造有趣的游乐区空间。充足的照明以及雕塑、互动装置等可以让场地更有吸引力，吸引孩子在此玩耍

### 低矮灌木

植物的高度应该适中，既给孩子一些可以躲藏的趣味空间，又不能遮挡监护人的视线。这些近人的绿色植物应该选择无刺、无毒的品种

### 非结构化的自然空间

非结构化和松散的天然材料所组成的玩耍空间，如沙坑、草坡、树桩等，可以促进儿童创造力、想象力的发展和培养冒险精神，满足儿童喜爱躲藏、攀爬、探索的需求

# 3.4

# 安全

## 保障儿童安全的措施

# 安全

孩子若能独立玩耍，可以更好地提升自己各方面的技能。但对于幼儿来说，其分辨危害的能力较弱，肢体的控制力也有待发展，这些都很容易使其陷入危险的境地。城市空间大多又是为成人而设计的，因而对儿童来说并不十分安全。

针对儿童安全的设计，需要从多个方面进行。一是要保障城市的设施安全，定期对各项基础设施进行维护；二是要合理设计城市空间，减少公共空间的安全隐患；三是通过有针对性的环境设计，减少犯罪的危害；四是通过设置街边摄像头、警察巡逻等方式保障城市安全。

其中，犯罪和环境伤害在一定程度上是可以通过针对性空间设计进行预防的，即环境设计预防犯罪（CPTED）和环境设计预防伤害（IPTED）两个原则。这两个原则旨在使人们在使用空间时获得更多的舒适体验和安全保障。

随着城市的发展，许多"城市病"也随之出现。住区、街道空间、城市公共活动空间都是犯罪和伤害集中发生的区域。建筑师奥斯卡·纽曼（Oscar Newman）总结了第一代 CPTED 理论，包含了自然监督、领域感、环境印象、周围环境和访问控制等多个要素。简·雅各布斯（Jane Jacobs）在著作《美国大城市的死与生》中也曾提到，有居民注视和高使用水平的街道更加安全。

适当的环境设计可以增加犯罪分子被发现的可能性，从而减少犯罪事件的发生。这些措施包括种植树木、正确使用照明、增加"街道眼"以及鼓励街道上的行人和自行车通行等。

通过增设城市设施、合理设计空间可以提高城市的安全性，预防更多的危害发生，从而降低城市的管理成本。

# ■ 环境设计预防犯罪

简·雅各布斯在其著作《美国大城市的死与生》中提到确保城市街道安全和活力的因素有：私人和公共空间的明确划分、用途的多样性以及高水平的人行道等。

### 简·雅各布斯的观点
她的诸多著作对当时美国有关城市未来的争论产生了持久而深刻的影响

### 私人和公共空间的明确划分
私人和公共空间的明确划分有利于提高人们监管空间的积极性

### 小街区和密路网
小街区和密路网的出现可以降低车辆的使用率，提升了人行体验和舒适性

### 高水平的人行道
街道布设足够的活动区域和自然元素，可以增加其人气和活力，提高街道的安全性

### 混合用途
多元化的使用功能让城市更具韧性，避免城市出现潮汐现象，以及夜晚出现"空城"现象

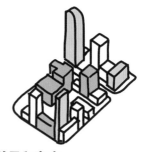

### 人口差异和密度
城市人口组成的多样性和高密度有利于街道保持活力

# CPTED 理论

奥斯卡·纽曼在他的《Design Guidelines for Creating Defensible Space》一书中称，犯罪与城市住宅类型之间存在明显的关联，物理环境直接影响着人类的行为并鼓励人们进行某些类型的活动。他总结的第一代 CPTED 理论，包含了自然监督、领域感、环境印象和周围环境、访问控制多个要素。

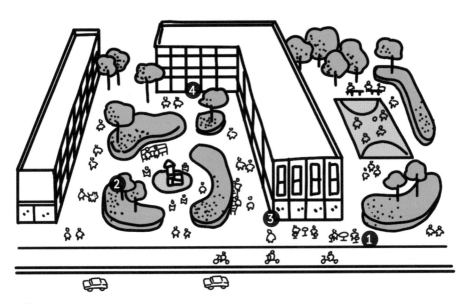

**❶ 自然监督**
类似于简·雅各布斯提出的"街道上的眼睛"的模型，自然监督是指通过提高公众与潜在犯罪者的相遇的概率，可增加越轨行为的感知风险，提升街道的安全性

**❷ 领域感**
领域感可以帮助人们建立对社区的归属感，从而提高其见义勇为和干涉犯罪的积极性

**❸ 环境印象和周围环境**
住房项目的良好形象有利于展示出社区正处于"正在被维护和管理"的状态，给人们更多的安全感，也让人们更愿意在这个环境停留和居住。同时，底商和建筑首层的活动空间可以让小区保持更多活力

**❹ 访问控制**
通过采取一定措施来明确区分私人空间和公共空间，可降低犯罪的发生概率，如在小区或者建筑门口设置门禁和入口指示标志，可对来访人员的访问进行限制

# 混合功能城市

　　针对自然监督和领域感，以小街区、密路网、行人为主的城市更有利于人们对街道发挥主观能动性，也更利于提升街道的活力和安全性。更多的步行空间意味着有更多的行人可以作为"街道眼"，为孩子提供自然监督，保障儿童及整个社区的安全。

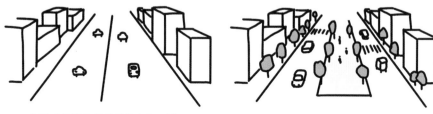

过宽的街道和低质量的人行区域　　　　　　　降低过马路难度，并提高街道品质

　　混合功能社区可以帮助城市在时间和空间两个维度上增大人流量。大部分的现代城市由于产业区和住宅区过于集中，导致城市出现较为严重的潮汐现象，即很多办公区域晚上成为"空城"，而白天很多住宅区和街道又缺乏活力。因此，混合功能有利于让工作区域和生活区域互补，提升整个街道的全天候利用率。

# 城市的多样性

　　多元化的社区构成有利于维持城市全天活动的开展。简·雅各布斯曾提出城市需要新旧建筑结合，以保障人口结构的多元化，提高城市全天的使用率。

### 年龄的多样性

社区人口结构的多样性有利于儿童与他人的跨际交流，并有益于填补由于城市白天的人员流动造成的公共空间的"空白"。将育儿和养老结合起来，可以丰富两代人的生活

### 工作和生活

在办公区也应该增加一些生活元素，避免办公区在夜晚或工作时间成为"空城"。可以通过设置一些临时设施，来增加活动场地

### 白天和夜晚

照明、沿街店铺的设置可以让街道的夜晚更加安全。一些流动商铺、夜市等可以丰富人们晚上的活动，助力城市安全

# 自然监督

　　通过对空间物理特征的设计，以及公共活动空间的设置来最大限度地提高空间及其用户的可见度，以促进人们在私人和公共空间之间的积极社会性互动。

## 活动场地的监督

阳台和厨房应该面朝小区的活动场地设置，以帮助父母们更方便地观察在此玩耍的孩子。而孩子在父母的视线范围内活动也会更有安全感

## 社区街道的监督

沿街的店铺和休息场所对街道有自然监督的作用，让潜在的犯罪分子有所顾虑。这种被动式的监督让街道更加安全

## 社区活动区域监督

广场、社区、公园等公共活动场地附近最好也有较多的居民楼和休息场所，以形成对这些场地的自然监督，提高其安全性

# 场所的自然监督

　　自然监督是在公共场合为人们创造与相邻的建筑物或空间联系的机会，观察者可以对发生的任何不文明或不法的活动做出反应，维持公共秩序，让潜在的罪犯有所顾虑。

1　首层采用透明材质

2　商业外摆或者街道家具，提供行人休息、停留的场所

3　沿街的阳台（提供自然监督的机会）

4　高度适宜的绿植

5　完善的公共交通

6　沿街停放的警车或设置的警察岗

7　亮度合适的路灯

8　监控器

9　不阻碍视线的围栏

# 领域感和归属感

　　根据心理学的研究，**未分化的群体可能具有潜在的危险性**，因为这样的个体有可能在匿名的、无人关注的空间中逃避公民义务。但具有明确的责任感和主人翁意识的个体就会成为捍卫者，成为更有动力的见义勇为者。

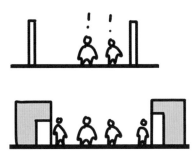

察觉临近私人领域的外来者　　　　　　　街道两侧增设商铺，可以扩大半私人领域的空间

　　缺乏维护的社区形象容易给人带来不安的感觉，而根据"破窗理论"，这样的社区容易有犯罪活动的发生。相比之下，精心维护的住宅和社区形象，更容易让住户产生安全感，给人一种社区安全有保障的感觉。

**精心维护的社区**
定期维护社区公共墙面、设施和绿化，避免出现破损、涂鸦和杂草

在社区中设置绿植景观、标牌、照明、雕塑等设施，以深化社区"被精心呵护"的形象，从而提高社区安全性

　　**居民归属感可提升社区的安全性和可持续性。**社区居民更具归属感的益处体现在他们更加关心所处空间的使用方式以及其中发生的活动；同时，他们也能更自觉地维护社区公共秩序，从而降低犯罪发生的可能性。

儿童参与到社区卫生维护中

儿童参与社区布置，装饰地面和墙面

- **1** 儿童公共活动空间
- **2** 二层露台，增加活动和休息区域
- **3** 看护人固定座位
- **4** 社区宣传和公共艺术
- **5** 社区活动中心
- **6** 底商
- **7** 精心打理的植被
- **8** 适合行人和骑行的社区空间

# 景观设计提升安全性

　　适当的**景观设计**能起到自然监督的作用，尤其是在空间入口附近，也可以使用对视线遮挡较少的围栏。就环境安全设计来说，景观设计应具有一定的通透性，以减少对视线的阻碍。同时也建议采用枝叶较疏的树木装点街道，这样可以最大限度地提高街道的日照采光量，避免遮挡建筑物的出入口。

### 植物高度

植物高度在 0.6~1.8m 的范围内可保持一定的通透性，避免出现视线死角

### 路径易读

到达建筑物的路径应该明晰易读，方便儿童寻路

### 与成人活动区域结合

为看护人提供一定的活动或休息区域，使儿童安全更有保障

### 参与性景观

参与性景观设计意味着可以提高人群聚集的可能性，以此增强场所的活力

### 铺装和围栏限定空间

特定的地面铺装和围栏也是加强领域感的方式，对于很多人行社区来说，换一种铺装方式，以示此处为更私密或更适合行人的区域，可以更好地对私人空间和公共空间进行明确的区分

　　良好的景观设计可以体现出社区受到了精心的维护，是非常好的加强场所感的方法。

**过于茂盛的草丛**

草丛过于茂盛容易阻碍视线，不利于自然监督

**穿透感**

通透的景观可以让人一目了然，也能提高场所的安全性

**消极空间**

在空间设计时，应尽量避免出现容易成为犯罪分子藏匿地点的消极空间

**激活活动空间**

引入设施增加公共活动空间有利于让原本消极的空间增加活力

**不可访问的区域**

由过长的白墙或铁丝网隔离的空间容易显得单调乏味，缺乏活力

**吸引行人驻足的空间**

让人能够停下来休息的地方才是有活力的空间，也有利于提升公共空间的安全性

# 灯光设计提升安全性

　　恰当的照明是增强街道安全性的重要方法。良好的照明条件使得犯罪分子无处藏身，从而降低了犯罪活动发生的概率。另外，良好的照明条件可以吸引行人停留，激发街道活力。城市应提供合适的场所和街道照明，通过优化自然监督条件来提高场地的舒适性和安全性，减少人群恐惧感。

　　需要确保照明条件始终良好的区域有：人行通道、人行道路、楼梯、出入口、儿童活动场地、停车场、自动取款机、电话亭、邮箱、公交车站、垃圾箱等处。

　　应避免太暗或者太亮的照明，过亮的照明会产生刺眼的眩光和深阴影，眼睛难以适应严重的照明差异，影响行人视线。而使用光照强度太低的照明通常又需要更多的灯具，并容易造成视线盲区。

# 社区的访问控制

　　明确区分公共空间和私人空间可以在一定程度上减少犯罪活动发生的概率。通过有选择地设置社区的入口、出口、围栏、照明和景观来对外来者的访问进行限制。

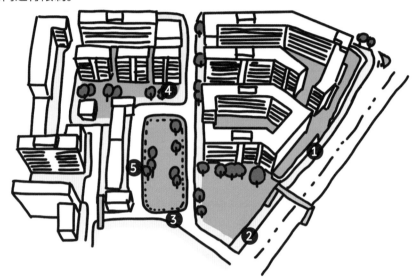

**1** 封闭式小区，大门设置门卫，维护出入秩序

**2** 公共绿地，采用矮围栏和不同的铺装样式与外界分隔

**3** 公共活动场地，周边围绕社区商业、社区中心等公共设施提供自然监督

**4** 开放式小区，通过限制行车速度和设置楼栋门禁来限流

**5** 社区道路，限制行车速度，更有利于人行交通安全

**访问控制**
公共空间可以采用低矮的防护措施，与道路隔离。小区提供单一、清晰的入口点，周围增加防护措施；楼栋设置门禁等方式进行访问控制

# 3.5

# 社区

## 一起合作培养吧!

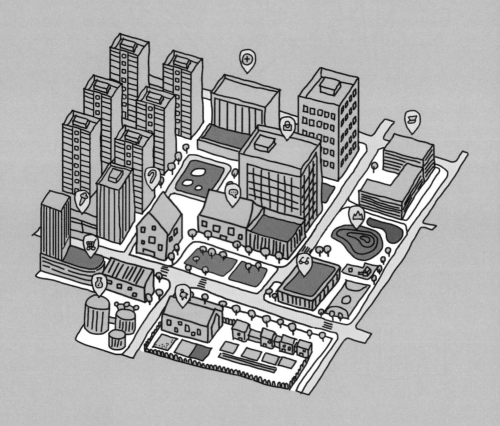

# 社区

　　经济发展和家庭结构的变化，使得社区的合作机制和生活配套变得更加重要——前者让大家有更多机会交流育儿心得，增近邻里关系，从而能够达到共同抚养的目标；后者有利于快速获得儿童生活所需，并让孩子的活动半径变得更大。

　　随着孩子的年龄增长，他们需要持续不断地从社区获得各种各样的技能知识和多元化的生活支持。一个设计精巧、设施完善的社区有利于为儿童提供良好的成长环境。

　　这样一个社区应该配备完善的功能，如便民的商业、公园绿地、儿童游乐设施、托儿所、健身场地、社区卫生服务站、警务站、母婴室等，还应该有良好的慢行系统和安全的交通环境。

　　合作性质的社区活动是儿童成长的重要支持。家长们可以通过社区沙龙了解各方面的育儿经验。而孩子们也可以通过社区组织的活动，参与到可以提升各项技能、鼓励合作和交流、丰富知识的项目里。

　　社区另一个作用是让儿童与社区共同成长。通过为儿童提供表达心声、参与社区维护等活动的机会，使社区活力得到提升的同时，也让儿童更有参与感、归属感和责任心，使其自信心、表达能力、动手能力、合作精神等得到有效提升。

　　同样的，儿童的沟通和参与，对社区的整体规划也是有利的。儿童的视角和对社区发展的监督是不可忽视的，满足他们的使用需求是儿童友好城市建设的重要发展方向。

　　另外，儿童友好的社区还会带来空间的归属感。这种归属感至关重要，关系到该社区的安全和可持续性。在这里，儿童关心他们的空间及其使用方式以及其中发生的活动，同时，也可以参与规划和更新这些社区空间，以形成更具特色的社交网络和活动场所。

# ■ 社区配套的原则

　　商店、社区中心、电影院、图书馆和公园等城市相关配套设施，可以为儿童社交互动提供更多的机会。紧凑且多用途的社区更利于儿童成长。

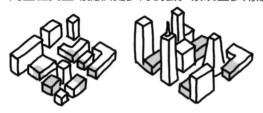

随着城市密度的增加，配套设施应相应增加

### 配套的数量
配套设施都有一定的服务半径和容量。如每500m范围内应设置托育机构、便利店和公共活动场地。每1000m范围内应设置小学、社区综合服务站、社区医院以及综合超市

完善的社区配套邻近居住区布置

### 完善的配套
邻近居住区应该有教育、医疗、休闲设施，并辅以较近的公共交通和其他同龄社区等。这些设施应邻近儿童人口较多的区域，以提供支持性、保护性、补充性、发展性的服务

为生活配套和服务提供空间

### 快速获得
底层的商业和服务配套，帮助人们快速获得所需。可以采用商业街或商业综合体的方式邻近社区布置。这些商铺可以售卖食品、日用品，以及提供理发、家政等服务

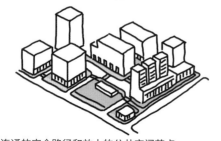

连通的安全路径和放大的公共空间节点

### 安全路径
社区应该利用安全的慢行系统将配套设施串联起来。同时，也可以增设独立的路径和与其相连的公共场所，让儿童有丰富的活动体验以及保障其能够安全独立地上下学。这些路径应该满足无障碍的要求，并能够通往各个场所和站点

# 社区的服务配套

　　儿童友好的社区，需要满足儿童及其家庭的日常需求。它不仅提供居住的空间，还提供高级别的公共服务，提供高质量的公共区域和社区便利设施。

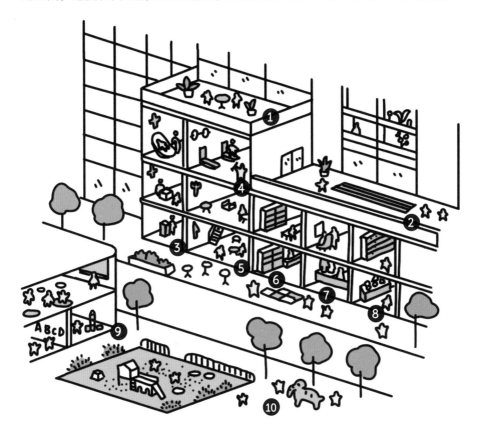

**❶** 屋顶花园和露台

**❷** 架高公共活动空间，提供玩乐休闲场地

**❸** 社区医院和儿童护理

**❹** 健身房或业主公共活动场所

**❺** 健康餐厅（适当外摆，增加自然监督）

**❻** 书店和文具商店

**❼** 理发店、洗衣店等社区服务商业

**❽** 杂货店、超市等日用品商店

**❾** 托管托育、早教

**❿** 社区活动空间和街道家具
　　（为儿童提供更多玩耍空间）

# 活动范围

　　根据儿童的年龄、独立性和父母影响等因素，其活动范围可分为**习惯性范围、经常性范围和偶尔范围**。

**儿童活动范围**

儿童活动范围受到社会文化、城市环境、家庭习惯、儿童年龄、父母意见等影响

儿童友好型的城市环境让孩子的独立性活动更加安全，同时可以让父母更加放心。良好的城市空间让孩子独立上下学、玩耍、骑行变为可能，并提供更多让孩子学会自立的机会

# 儿童的社区探索

儿童对社区环境的积极参与和探索，有利于儿童更加茁壮成长。对当地复杂社区环境的"征服"过程，可以提升儿童的能动性，让孩子们更有信心。

儿童地图让孩子能够更加全方位地了解和探索社区

为了让孩子更方便、独立地探索社区，需要为其提供不同的措施。鼓励孩子和社区积极互动，并提供丰富、多元、健康、环保、安全的社区环境，进而提升儿童的独立性。

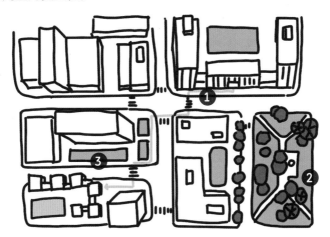

**❶ 儿童路线**，保障居住区和学校之间的安全及可达性，提供安全步行措施

**❷ 公共绿地**，让儿童可以随时接触绿色空间，保障身心健康

**❸ 玩耍街道**，让孩子上学路上拥有更多乐趣

# ■ 社区配套的内容

在家庭之外，社区环境是儿童可以立即进入、访问和体验的公共区域。为此，社区必须确保儿童安全和为其提供相应的配套设施，创造各种与他们能够积极互动的场所，以满足其健康成长和发展的需求。

**❶ 多样性住宅和无车社区**
提供不同大小的户型，为不同的家庭提供充足和安全的住宅。整个社区无车或者少车化，提高社区的安全性

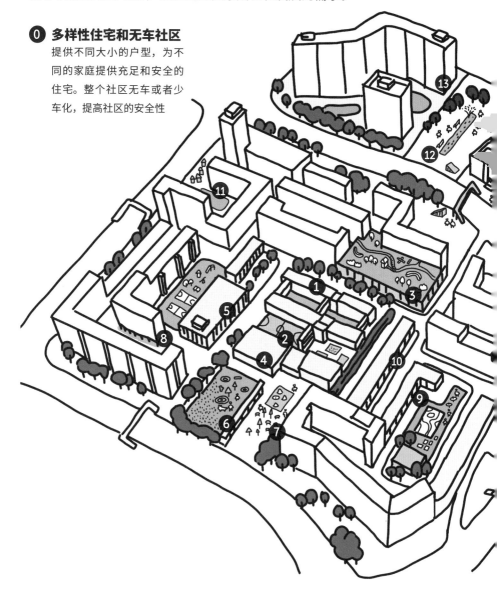

**❶ 学校和托育设施**

为社区提供近距离、可步行到达的教育配套设施，孩子们可以独立前往

**❷ 体育设施**

服务周边居民。放学后，学校中的体育设施可以提供给居民使用

**❸ 屋顶花园**

提供给孩子更加安全的玩乐场地

**❹ 社区中心**

提供邻里互动、交流的场所。附带与儿童相关的室内活动场所、报告厅和娱乐室

**❺ 集市和社区农场**

提供健康、新鲜的食物，并设置有互动性的农场设施

**❻ 自然空间**

提供自然景观如草坪、草坡、树林等，让孩子可以更充分地感受自然

**❼ 人行街道**

规划为步行街道，提供街道家具和设置快闪店

**❽ 小区游乐场和架空层**

邻近住宅的玩耍场所，儿童在此可以更方便地参与户外活动，并获得全天候的游乐设施

**❾ 多年龄段娱乐场地**

提供跨际交流场所，结合老年中心、社区服务，为不同年龄段的人群提供更多互动的机会

**❿ 商业配套**

提供餐馆、洗衣店、日用品店等商业配套

**⓫ 临时外摆**

结合商业综合体的外摆区域，可提供临时夜市、游玩场所，让公共空间更有活力

**⓬ 广场**

提供大型聚会或休闲活动的场所，设置有喷泉、座椅等

**⓭ 职住平衡**

职住平衡，避免较长的通勤距离

**⓮ 文娱、医疗场所**

提供图书馆、美术馆、博物馆等丰富儿童课外活动的场所，以及医疗配套

**⓯ 待建场地**

城市规划留有余地，为未来扩容做准备

# 技能成长

　　社区可以提供具有教育意义的配套空间，如社区公共厨房、手工室、音乐室和绘画室。这既可以避免在家里练琴时容易打扰到邻居或把颜料弄得到处都是，又可以增加孩子们的互动和共同成长的机会。

　　一个儿童学习小组可以让孩子们获得不同的视角。通过共享空间和知识，孩子会接触到不同的想法、技能以及思维方式。这有益于儿童学会尊重他人，并保持谦逊和进取心。

# 丰富的社区配套

丰富的社区配套资源能够满足儿童兴趣探索与发展的需要。

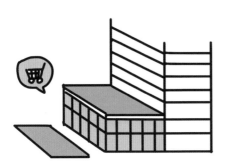

**社区商业**
社区商业让儿童物品更方便获得，但应具备一定的多样性

**跨代交流场所**
儿童活动空间和老年中心等结合，提供更多老幼共同活动的机会

**父母沙龙**
为父母提供交流育儿经验和探讨养育方式的机会

**公共厨房**
通过一起烹饪和用餐，让儿童体验美食制作和品尝的乐趣，丰富生活经验，并促进儿童进食

**自然场所**
自然场所促进身心健康，鼓励儿童在自然环境中探索与冒险，提升其幸福感

**阅读场所**
一起阅读的安静场所，让儿童可以共同学习，增长知识，并学会静心和思考

# 健康食品

社区应该鼓励健康饮食，并提供价格合理的健康饮品和食材，以降低青少年肥胖的风险。

让儿童参与社区农场活动，是科普健康饮食的一种好方法。孩子们可以在种植的过程中锻炼自己，并了解食物的来源和生长，感受大自然的奥秘

### 参与食物诞生的全周期

从播撒种子，到收获食材，再到参与烹饪的整个过程可以让孩子掌握更多的生活知识，了解食物诞生的过程，让其更加珍惜食物和养成健康的饮食习惯，以及学会合作等

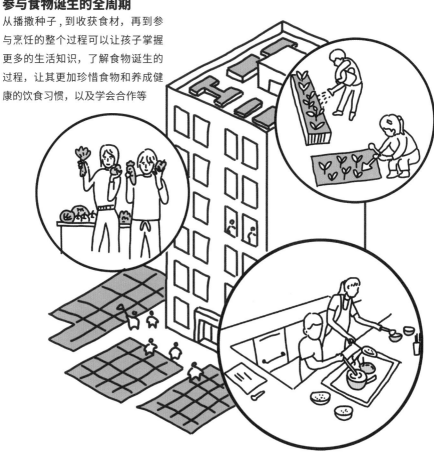

# 公共空间

　　家附近需要设置充满活力的公共空间，这既可以为看护人提供便利的设施，同时也可以保障幼儿能安全地探索。安全的交通系统和具有连续性的公共空间组合，让儿童及其家人可以安全且愉快地前往目的地。根据心理学的研究，童年时期，儿童对于公共空间直接和间接的体验，往往能够产生**积极的场所依恋**，并将这些经历转换为积极的社会认知。

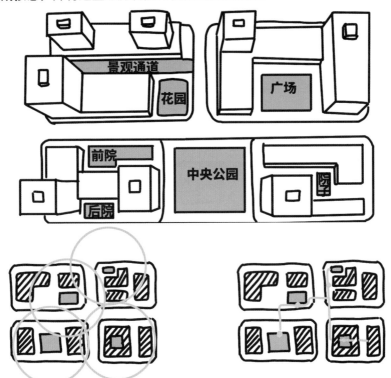

### 覆盖范围

生活圈的配套往往是按照 15 分钟的脚程范围来设置的。对于成人来说，一般以800~1000m 的距离作为一个步行"街区"。而对于儿童，一般的玩耍场地和公共空间覆盖范围应在 200~300m，以保障孩子步行一段合适的距离就可以到达。这样，儿童就可以更方便、安全地参与户外运动和集体活动

### 连续性

应考虑公共空间、步行街道与居住区、学校及生活配套之间具有一定的连续性。具有连续性的公共空间组合帮助孩子们能够顺利到达目的地，即能够沿着安全、简单和有趣的路线步行到他们需要去的地方

# 社区模块和细节

　　社区的许多细节设置体现了其对儿童成长的关怀，能够为孩子们和其监护人带来更多的便利。人行道应当畅通无阻并具备许多支持功能，让幼儿、孕妇等也能轻松且安全地在街道和公共空间中行走，如设置斜坡路缘、无障碍通道、低高度路缘石以及母婴室等。

母婴室提供哺育、换尿布和休息的空间

休息空间和清洗台，作为看护人的休息场所

长形清洗台和垃圾桶，提供换尿布的场所

街道家具，提供孩子们休息玩耍的场所

出入口的空地和照明，提供舒适的等待区域

无障碍坡道，方便轮椅和婴儿车顺利通行

儿童空间的醒目标志，利于家长和孩子使用空间

紧急电话亭和问询台，方便咨询和处理紧急状况

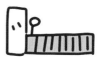

孕妇、儿童绿色通道，提供更便捷的排队措施

公共交通车站的等候区

成人栏杆增设儿童栏杆，防止儿童跌倒和翻越

地面标志，提高地面趣味性和指示性

# 让看护人感到舒适

　　儿童友好的社区设计不仅要满足儿童的需求，也要考虑其看护人的需求。婴儿和蹒跚学步的孩子不会自主行走，因而是由照顾他们的人决定去哪里以及停留多长时间。因此，这些看护人也同样需要让人感到安全和舒适的空间、即需要充足的照明，休息座椅，以及便捷的公共交通等设施。

### 健康舒适的社区环境

幼儿通过观察看护人的表情或身体反应来判断他们探索、品尝、触摸某物的动作是否被允许，而有时看护人的焦虑反应对蹒跚学步的孩子来说也许会有不利的影响。因而为看护人提供舒适的环境，让其所感受到的轻松愉悦也可以传递给被照看的孩子

### 安全便捷的步行空间

良好的公共交通和无障碍的步行空间很重要。这对于需要照看充满好奇心和精力充沛的儿童的看护人来说尤其重要。家长可以在这样的环境里更加省心地前往目的地

### 有保障的玩耍空间

确保孩子处于稳定、安全和充满活力的环境中，有足够的保护措施和预留空间以应对孩子的探索与冒险。在这样的环境下，看护人也更支持孩子独立玩耍

# ■ 儿童参与空间规划

**儿童是自己居住、生活和玩耍环境的专家。**对待城市和社区的发展，儿童往往有不同的视角。社会和城市的发展需要考虑到儿童的需求，尊重儿童的权利，并让其有发声和参与规划的机会。这样也可以让他们充分利用自己学到的技能，发挥创造力、人际交往能力，参与建造满足他们需求的空间。

进入环境，感受周边自然环境和社会环境

对环境感兴趣，探索和思考环境的过程

理解环境，从环境中获得技能和体验

发展同情心、同理心等社会性品质

理解社会、融入社会，参与到集体生活和互助中

社会意识提升，学会提出需求和表达心声

## 儿童的参与是不断发展和深入的过程

根据联合国《儿童权利公约》，儿童需要了解他们的环境，有动力和能力去塑造他们自己的未来。随着年龄增长，孩子们对生活环境的了解也越加深刻，同时，也从环境中学习技能并反馈给社会。儿童的成长就是伴随着对环境深入探索和融入社会的过程，是一个从没有参与到逐渐参与，从知情到理解再到提出想法，再到参与实践的过程

　　随着儿童的成长，他们可以逐渐参与到社区的规划、实施、监测和评估，从而影响和改变自己的生活。在这个过程中，孩子们的合作能力、领导力、语言表达能力、动手能力、辨识能力等均得到提高，除此之外，其社会责任感和对社区的归属感也得到一定的提升。

管理家里的小物品或小动物，如浇花和饲养宠物等简单家务

儿童可对生态和气候进行调查，对地方环境进行观察、监测和力所能及的管理

孩子可以在学校或者社区进行生态维护、种植管理等活动，培养社会责任感

孩子对居住环境进行调查、监测和记录

孩子参与社区管理和维护，帮助社区营造干净整洁的环境

儿童提倡对城市环境的保护，让孩子从对环境的调研和简单维护中变为组织者

# 儿童参与空间规划的方式

　　环境、身份和幸福感密切相关。父母可以引导孩子参与社区问题的发现、理解和调研；同时鼓励孩子制订解决方案、提出需求和见解、整理工作清单等，以培养儿童的理解能力、逻辑思维能力和责任心；并且，让孩子们在参与社区发展的实际操作中，对环境与自我有更深刻的体会。

### 发现问题
通过与父母交流和采访社会相关人士，儿童可以学会发现生活中的问题、提出问题并参与问题的讨论。在这个过程中，孩子们会更全面地了解问题产生的原因，并学会归纳和理解问题，同时试图寻找问题的解决方案。在这个过程中，孩子们扮演了一个咨询者和记录者的角色

### 规划解决方案
儿童和成人一起，就问题的解决方案进行深入讨论，并归纳为一系列的城市解决方案。从而形成可以实施的项目计划和策略清单，帮助社区规划方案更好地落实

### 项目实施
儿童成为项目落实过程中重要的参与者和监督者，甚至可能是一些小项目的"领导者"和"合伙人"，从而使其技能和社区归属感得到提升

# 孩子怎么表达心声？

良好的沟通方法和具有创意的活动可以让儿童更有参与感，也能让其更有效地表达自己的想法。

例如，儿童可以通过手绘地图、需求投票、阅读公告、参与论坛会和宣讲等方式参与到城市规划的过程中来。这些方式比较符合儿童表达的特点，更能激发其参与的热情，并为其营造更加轻松、丰富的交流环境。

**投票和愿望箱**
儿童将自己的诉求写在纸上，并将其投递到愿望箱里

**论坛和讨论会**
引导儿童热烈讨论社区问题，鼓励他们表达自己的想法并与大家分享

**社区通告和意见箱**
社区通告、宣传画等宣传方式可以鼓励孩子阅读和提出意见

**模型或地图**
通过拼贴、模型摆放等形式让儿童直观地表达对社区改造的想法

# 第 4 章

# 城市复合：
# 让社会助力儿童发展

## 4.1 儿童友好城市 适合儿童成长的环境因素

儿童友好的元素
儿童友好城市的内容
儿童友好城市的发展历程

## 4.2 交通友好 儿童自主上下学

街道的"一张网"和"五个面"
孩子的身高、脚程和体力

## 4.3 城市配套设施 15 分钟生活圈

儿童路线的"一点多线三个圈"
儿童友好的城市环境

# 4.1

# 儿童友好城市

## 适合儿童成长的环境因素

# 儿童友好城市

在日益拥挤的城市空间里，儿童的生活条件与玩耍方式发生了极大改变。在高密度的城市里，孩子的需求往往容易被忽视。不均衡的空间、不和谐的城市结构、不可持续的街道，让儿童的生活空间受到不同程度的影响。在这样的背景下，城市规划的决策者和相关专家们都在思考如何开展儿童友好城市的建设。

20 世纪 90 年代，联合国儿童基金会提出了"儿童友好城市"（Child Friendly Cities）这一概念。从制定相关公约和政策开始，全世界几百个城市逐渐地参与到了儿童友好城市的建设和认证中。为了创造更有利于儿童居住的社区和城市，联合国提出了保护儿童多项权利的设计原则，以促进儿童可持续性的发展。

城市系统既带来了繁荣和机遇，但也带来了许多新的挑战。儿童是城市建设应重点关注的群体，除了需要更加重视他们的安全和健康外，还应该帮助他们提高认知能力、独立性、社会交往能力等。为他们提供舒适的住房，完善的公共服务设施，多元化的公共空间，可持续的交通系统、卫生和垃圾循环系统，健康的食物供应，充足的能源供应以及高效的数据信息技术。

为儿童规划城市建设，需从不同的方面进行，如城市的发展规划与管理、社区的完善和配置、建筑的可持续性和舒适度等。多层级的设计可以对儿童的生活产生积极的影响，动态化、多元化、立体化地促进儿童的成长和发展。由于目前没有有关儿童友好空间的通用建设标准，各个城市可以根据具体情况因"城"制宜，提出不同的政策、制度、设计原则、空间营造策略以及儿童设施实践。

实际上，城市本身就是一种环境教育，可以让孩子们通过城市空间学习和了解城市以及使用城市，并参与到改变城市的行动中。

# ■ 儿童友好的元素

　　为了提高儿童和青少年的生活质量，城市应该从政策法律、社会经济、公共服务、空间结构、场所环境等方面进行友好设计。目前，中国城市逐渐开始开展儿童友好的建设工作，但仍然面临许多挑战，如落实速度较慢、老旧社区更新乏力、设施品质欠佳、相关配套不完善、标准规范不充分等。在儿童利益逐渐受到关注的今日，应该从整体到细节，全覆盖、多维度、连续地保障儿童空间的建设和完善。

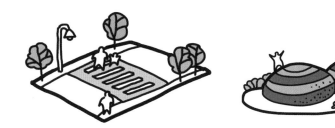

　　**城市街道**是城市最为重要的空间网络，也是儿童玩耍的非正式场所，是儿童友好城市建设重要的切入点。完善的儿童步行空间可以鼓励孩子出行，享受安全、连续的户外空间。

　　**绿色空间**是城市健康的标志，儿童可以在这里接触到自然环境，获得阳光和新鲜空气。这些公园广场、植物园、草地、森林湿地、滨湖景观、野营基地等蓝绿色基础设施可以为孩子提供冒险、探索和运动的场所。

　　**文教展览场所**是儿童受到科普教育、艺术熏陶的场所。博物馆、图书馆、科技馆、美术馆等科技人文场所可以从多个方面丰富儿童的知识体系。孩子们可以在这里获得不同的体验，了解科技创新、创造发明、艺术音乐、历史故事，获得启发和拓展技能。

**教育场地和工作坊**强调场地的教育意义。这些场所不仅能让儿童的身体技能得到提升，同时还有助于开发他们的想象力和创新思维能力、责任心、探索精神等。工具的使用和分工合作，可以增强儿童的社交能力与合作精神。同时，孩子们也可以在挑战冒险、挥洒汗水、完成任务之后获得成就感。

**亲子场地和空间**可以为家人、邻居、朋友提供更多的聚会的机会。公园绿地、共享花园、公共厨房等设施犹如纽带让人们联系更加紧密。孩子和同龄人、成人通过聚集在一起，共同度过一段时光或共同完成一个目标，可以增强他们彼此的感情。同时，亲子教育可以传递给孩子更多直观的生活知识，有利于培养健康的价值观和人生态度。

**儿童平等和参与。**无障碍的设施和游戏场地有利于儿童获得社会更多的关爱和平等的玩耍机会。另外，儿童作为城市建设的直接受众，应当积极参与到城市决策和建设中。让儿童发声、表达自己的观点，既可以提供独特的视角、监督城市建设，同时，这也能增强儿童的主人翁意识和归属感。

# ■ 儿童友好城市的内容

联合国儿童基金会出版的《儿童友好型城市规划手册》提出了城市规划应关注儿童需要的相关概念、依据和技术策略，以及强调了应关注可持续的城市环境、均衡的空间和土地使用、尊重儿童权利和公平规划的建成环境。这需要从城市、街区、建筑等不同的空间维度保证儿童所需的生活环境，以支持儿童的健康成长。

住宅规范和标准，保证建成环境的舒适性、功能性、启发性和健康

各类儿童生活、文教服务，相关社区设施配套的可达性

城市可持续发展，以公共交通为导向和可负担住房等合理的城市规划与政策

**通力合作**

应鼓励儿童及相关利益方共同合作，在制度制定、设计策略、儿童参与等方面数据共享，共同商讨、确定合理的指导方针

| 公共<br>部门 | 民间<br>团体 | 私营<br>部门 | 相关<br>专家 |
|---|---|---|---|
| 城市规划部门<br>交通部门<br>经济与福利部门<br>环保部门等 | 青少年组织<br>妇女组织<br>儿童组织<br>消费者协会等 | 当地企业家<br>房地产开发商<br>城市服务供应商<br>各类行业协会等 | 城市规划者<br>建筑师<br>经济顾问<br>法律顾问<br>数据顾问等 |

**投入**
投入相关规划政策和经济保障

**住房**
可负担、安全有保障、健康的住房条件

**公共服务设施**
儿童相关的医疗、教育和社会服务基础设施

**公共空间**
安全、有趣、包容的室外活动空间

**交通**
安全、平等的主动交通和公共交通设施

**水和卫生综合管理**
安全、平等、可负担的水和卫生系统

**粮食系统**
健康、可持续的、营养的食物供应

**废弃物和循环系统**
可持续的资源管理，洁净的社区环境

**能源系统**
清洁能源，保证各类设施的能源供应

**数据和信息通信**
安全可靠的信息、通信和技术网络

# 儿童友好城市的实施战略

**制定法律和政策**

推动儿童友好城市相关法律政策的制定，立法保护儿童的各项权利

**公共宣传**

提高人们保护儿童权利的意识，以及孩子参与城市建设的积极性

**制定全市策略**

制定策略和流程，避免不平等的城市服务，提高土地利用率和确保城市结构的合理分布

**多部门的合作关系**

政府、相关企事业单位、专家等共同合作，一起解决儿童友好空间建设问题

**儿童参与机制**

保障儿童的参与权，让儿童表达他们的心声、想法，并让其加入到政策制定的过程中来

**预算**

专项预算拨款，帮助城市和社区履行儿童保护的义务，提高社区品质

**数据监控**

实时监控和大数据整合，帮助构建更平等、更健康的城市结构

**培养和教育**

提供相关的培训、考察、工作坊和技术支持，实现有关儿童教育的可持续性

# 儿童友好城市的特征

　　城市的物理空间和儿童的使用体验，都间接或直接地影响着孩子的成长，如环境保障、同龄人与社区、城市环境与质量、资源供给与分布等。

## 可玩场地
可提高儿童的玩耍积极性，避免孩子总是待在室内。儿童可以在这里提高技能和放松心情

## 自然与人文场地
保护自然环境、历史遗产和动植物，可以让儿童更具安全感，能更好地接触自然和人文场所

## 社区感
通过社区维护和社区活动，促进邻里关系，为儿童提供更多认识玩伴的机会

## 平等的资源供给
混合社区，提高城市配套设施可达性，资源供给和分布更平等，城市配置和管理更加多元化

## 健康的城市环境
良好的城市环境和微气候，提高城市的舒适感和安全性。完善的城市布局使通风、阳光和空气质量得到保障

## 主动和安全的交通
提供更宽的人行道或者专门的自行车道。让儿童可以选择更加安全和健康的出行方式

## 自然、干净的小径
为儿童提供更加有趣、安全、绿意盎然的小径。干净和卫生的城市环境，有利于建成以行人为导向的步行城市

## 教育性空间
寓教于乐，帮助儿童提高技能。文教展示、多元的游乐场等各类设施鼓励孩子发挥想象力和创造力

## 连续性
通过连续性的道路和城市界面，连接学校和居住区，帮助儿童更安全地到达各类城市设施

# 较差的城市环境

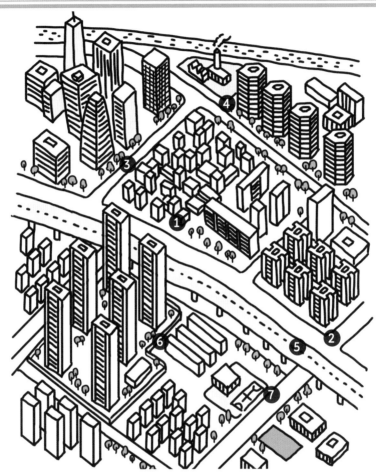

**1** 城市空间过密，居住环境较差，缺乏城市公共空间

**2** 居住区分配不均，建成环境差，缺乏相关配套

**3** 高层光污染和热岛效应严重，办公区与居住区过于分离，职住不平衡

**4** 城市空间规划较差，工业污染区和居住区过近，同时河水受到严重污染

**5** 过于依赖汽车交通，城市空间割裂，未经处理的城市消极空间较多

**6** 过大的居住小区板块，城市界面封闭，行人可达性差

**7** 学校附近的交通条件和相关设施非常不完善

# 儿童友好城市的环境

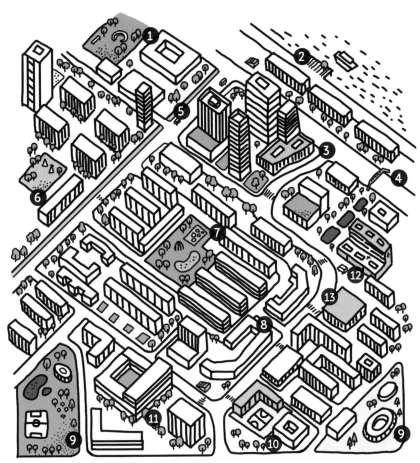

**1** 城市活动广场和服务配套

**2** 卫生、有趣、安全的河滨景观带

**3** 商业综合体配套和行人友好的近地空间，以及办公场所

**4** 过街通道、天桥或交通岛，方便行人通行

**5** 自行车专用道

**6** 儿童活动空间

**7** 城市公园和各类玩耍场地

**8** 慢速居住街区

**9** 大型城市绿地和体育文教设施

**10** 可达性好、安全的学校

**11** 复合型社区，多元化、可负担的住房供应

**12** 图书馆、医院等配套设施

**13** 社区配套和生活服务中心

# ■ 儿童友好城市的发展历程

**1954 年**

联合国大会通过 836（1X）号决议，设立世界儿童日。

**1959 年**

联合国大会通过《儿童权利宣言》，明确儿童各项基本权利。

**1996 年**

联合国儿童基金会与联合国人居署共同提出了《国际儿童友好城市方案 (CFCI)》，将儿童的需求纳入街区或城市的规划中，成为儿童友好城市空间建设的"宪章"。

**1989 年**

第 44 届联合国大会通过并发布了《儿童权利公约》，以保障儿童权利。《儿童权利公约》提出"儿童权利"应作为城市发展的核心要素，旨在为儿童创造良好的成长环境，并确保其生存权利、发展权利、参与权利和受保护的权利等。

**1992 年**

《21 世纪议程》和《里约宣言》，呼吁加强儿童和青少年对城市建设的影响，并制定相关政策和法律，确保儿童的生存、保护和可持续性发展。

**2004 年**
联合国儿童基金会发布《建设儿童友好型城市工作框架》。

**2002 年**
联合国儿童问题特别会议形成了《适合儿童生长的世界》（联合国大会第 S-27/2 号决议）结果文件，明确要求各会员国承诺发展有利于儿童居住的社区和城市。

**2000 年**
联合国在佛罗伦萨成立儿童城市计划秘书处和研究中心，为这个世界性儿童活动提供援助网络。

**2005 年**
联合国制定《联合国可持续发展教育十年（2005—2014）计划》，旨在促进全球教育的变革。

**2018 年**
2018 年，联合国儿童基金会出版《儿童友好型城市规划手册》。

**1979 年**
中国与联合国儿童基金会展开
合作。

**1980 年**
北京居住区统建内容，将儿童活
动场地建设写入居住区内容。

**1990 年**
中国签署联合国《儿童权利公约》。

**1991 年**
通过《中华人民共和国未成年人
保护法》，以保护未成年人享有
的多种权利。

**2011 年**
国务院颁布了《中国儿童发展纲要
（2011—2020 年）》和提出了《中国"儿
童友好城市"的创建目标与策略措施》
草案，强调儿童应平等发展，鼓励地
方政府提高责任意识，制定儿童相关
政策，并鼓励社会各界和儿童共同参
与到儿童的相关事务中。

**2010 年**
国务院妇女儿童工作委员会办公
室起草《中国"儿童友好城市"
的创建目标与策略措施》。

**2009 年**
郑州、北京、南京、长沙等城市
争创儿童友好城市。

**2004 年**
《居住区环境景观设计导则》对
儿童游乐场地的设计有详细的说
明。

**2019 年**

《中国儿童友好社区建设规范》发布，评价和指导儿童友好社区的建设。

**2018 年**

《城市居住区社区规划设计标准》（GB 50180—2018）等相关标准提出应为儿童提供便利的游戏活动设施，并对幼儿园及相关配套设施提出了具体的配置标准。

**2020 年**

国家发展改革委联合多部门印发《关于推进儿童友好城市建设的指导意见》，推动了儿童相关事业的发展，儿童的身心健康和成长得到了更多的保障。

国家"十四五"规划纲要提出要在全国范围内开展 100 个儿童友好城市建设试点，并加强校外活动场所、社区儿童之家的建设和公共空间适儿化的改造，以完善儿童公共服务设施。

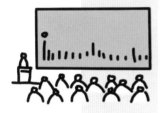

**2021 年**

《中国儿童发展纲要（2021—2030年）》，强调保障儿童生存、发展、受保护和参与的权利，在出台法律、制定政策、编制规划、部署工作时应优先考虑儿童的利益和发展需求。

**2016 年**

首届中国儿童友好社区研讨会在上海举行，全国两会首次提及建立儿童友好社区，推动了儿童社区早期公共服务体系的建立。

**2022 年**

住建部印发《完整居住社区建设指南》，提出应考虑儿童步行能力，满足儿童基本生活需求，并配置托育等生活服务设施。

# 国外儿童友好城市的实践

　　各国都在儿童友好城市空间和各类儿童活动场所设计上进行了诸多的尝试，提出了许多相关理念、措施和政策以保障儿童游戏和独立行走的基本需求，以及城市开放空间的舒适性、活力度和教育性。

### 日本森之幼儿园

这类自然冒险乐园，能为儿童提供锻炼技能、治愈心灵和接触生态的机会。孩子们可以在这里愉快地探索新的事物。冒险乐园可以让儿童自己动手并发挥创造力，以及自由建造和制定游戏规则

### 美国丹佛"见学地景"

"见学地景"是充满教育意义的城市开放空间措施，可让公共空间变得更有潜力。自 20 世纪 90 年代起，丹佛帮助近百所学校操场进行规划和设计，将初级的游乐场改造为具有创新性的游戏和学习空间，通过场地元素传达教育理念。同时，这也是社区参与和多团队合作的典范

### 荷兰生活庭院 Woonerf

荷兰的生活庭院和英国的家地带，都旨在创造更加健康的城市道路网络和安全住区公共空间。通过对街道空间场所的营造、对交通的管制和缓解，"生活庭院"可以给孩子更多的非正式玩耍空间，让机动车减少对儿童的伤害

　　安全的步行条件和主动式的交通模式可以帮助孩子积极地参与到城市探索中来。除了合理的制度保障和街道设计导则，为孩子创造更加丰富健康的街道环境还需要有层次、有规模、有秩序的城市空间设计。

**英国步行巴士**
步行巴士是指两位及以上的大人护送一群孩子上下学的方式。自发参与的家长轮流护送孩子，有固定的线路和"巴士站点"，这种带有角色扮演的有趣方式更容易为儿童和家长接受

**荷兰儿童友好路径**
荷兰代尔夫特精心设计了儿童出行的路径，将学校、操场、社区中心联系起来，并提供街道家具、绿地、艺术设施和游乐空间，让孩子可以更加安全、自在地在街道上独立行走

**丹麦哥本哈根自行车道**
丹麦哥本哈根提供了设施丰富的自行车道和游乐场，鼓励儿童采取主动交通（步行和骑行）或公共交通出行。这一方面降低了城市能耗和减少交通污染，另一方面有利于儿童锻炼身体，拥有更加健康的体魄

# 4.2

# 交通友好

## 儿童自主上下学

# 交通友好

儿童友好的交通条件和可步行的环境是孩子成长最为重要的因素之一。孩子能否独立上下学、过程中是否依赖于非机动车交通、出行是否安全和健康，取决于城市街道网络是否有可持续性的规划。

孩子能够独立行走对父母和孩子都更为有利。一方面，孩子可以在行走过程中锻炼身体，和同龄人增进交流，更容易自立自强和感知生活。在儿童阶段，能够树立起独立性格的孩子在未来的发展中将更为自信并具备更好的逆商、能够挑战自我和具有更为积极的探索精神。另一方面，现在的父母工作压力都比较大，照顾孩子的精力并不充足。孩子的独立性不仅可以减少父母的担忧，还能分担家庭的许多角色。儿童友好的行走网络鼓励孩子们掌握独立活动的能力，并提供更为舒适、安全的生活环境。

孩子在社区玩耍的主动性受到家庭教育理念、街道安全性、社区健康度、社会犯罪行为控制力度、行走距离、公共设施与空间完善度等方面的影响。从城市环境来谈，城市的步行空间、交通规划和组织、交通设施配备、公共空间等方面都尤为重要。

受到高层住宅区和机动车交通快速发展的影响，城市儿童的独立流动性急剧下降。孩子的游戏空间从户外搬到了室内，从城市搬到了小区，最后急剧缩小到家里。儿童探索范围的缩小，导致其与自然、户外活动和社交空间的接触概率变小，儿童难以对城市形成完整的形象认识，且缺乏和社会的接触，甚至过着"孤岛式"的生活。这样的环境将阻碍孩子空间、运动、分析等能力的发展，并影响其社交体验。

因此，在未来的城市规划过程中，交通部分将是儿童友好城市最为重要的一环。交通网络是连接家庭、学校、社会的重要桥梁，需要整体、连续、可持续的规划，以保障儿童能安全、舒适地独立活动。

# ■ 街道的"一张网"和"五个面"

城市的街道交通组织主要由"一张网"和"五个面"构成。**"一张网"** 意味着城市交通是网络化的,路网应具备良好的连通性、整体性和序列性,能将住宅、学校、社区中心、游乐设施、各类公共配套设施连接起来,提供安全的路线和出行方式。

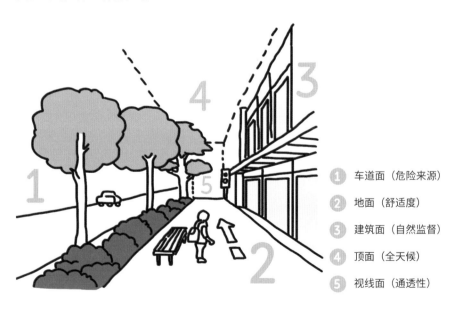

1. 车道面(危险来源)
2. 地面(舒适度)
3. 建筑面(自然监督)
4. 顶面(全天候)
5. 视线面(通透性)

街道主要由车道面、地面、建筑面、顶面和视线面共五个面构成。一个好的街道设计需要兼顾这五个面的舒适性和安全性。这些面是儿童直接接触的空间界面,需要为其提供高质量的行走条件。

# 儿童友好行走路网

**让人觉得安全是街道设计成功的重要标志**，也意味着家长可以更加放心地将孩子交给城市。受益于更健康的城市环境和步行空间，通过步行、骑行等方式出行的儿童在未来患肥胖症、心血管病、糖尿病等疾病的概率会降低。通过一系列的交通措施，行人受伤的概率会大幅下降。同时，完善的休息、照明、指示牌等行人设施可以鼓励更多的人选择户外活动。

- 以步行为主的街道和设计合理的活动广场及口袋公园。
- 干净且维护良好的人行道和人行横道。
- 限制行驶速度的交通缓解措施。
- 街道植物、照明、长凳、公共艺术和其他人行道设施。
- 连贯的自行车道和充足的自行车停放空间。
- 舒适的公交车站，配有长椅和防护棚。

# 第一个面：车道面

车道面设计最重要的目的是减少机动车对行人的影响，并鼓励步行和骑行。因此，车道的设计要点在于道路断面的划分、与人行道的关系和机动车的降速。其核心在于**对私家车车道的"回收"和对行人的"保护"**。

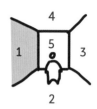

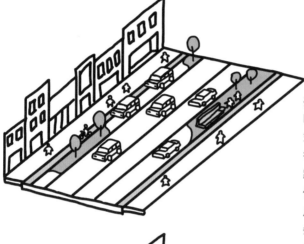

**共享车道**

欧美较为盛行的车道设计方式是同时设有地面停车位和行人设施的共享街道。因为路面有停放的车辆，所以其他车辆在通过时会自觉减速，从而降低车道风险。增设一条自行车道作为缓冲可使儿童更加安全

**公共交通**

街道的划分应该鼓励公共交通，如增加公共汽车专用道路或轨道电车的道路，鼓励大家乘坐公共交通出行，减少私家车的使用。公共交通的完善和系统化有利于促进步行城市的建成

# 第二个面：地面

街道地面的主要功能是**"激励"**。通过布置用于娱乐或休息的街道家具，或是布置类似跳房子和其他游戏的地面，或是布置多样的植物花池，以促进街道的社交活动发生。同时，地面应该保持干净卫生和定期维护，以保证其舒适性和安全性。

1 可玩耍街道地面（跳房子、地图等益智游戏和展示）

2 有安全维护的井盖，并有一定的城市装饰作用

3 街道雕塑，具备观赏性和可玩性

4 树池等具有观赏性和供行人休息的设施，以及其他可停留空间

1 有趣的街道装饰和互动装置，丰富街道空间

2 不同的铺装，提供独特的限定区域，促进不同活动的发生

3 街道装置，可以作为孩子弹跳和休息的场所

4 垃圾桶等设施，保证地面干净、整洁

5 街道休息模块，增加社交空间，并保证安全

6 绿植美化，提供健康舒适的生态环境

# 第三个面：建筑面

　　建筑面的作用是**"支持"**，即提供自然监督、活跃场所和生活配套的支持，如落地的玻璃橱窗、餐饮外摆等可以让街道更有人气，以及提供保护孩子的"街道眼"。便利和多样化的日常零售（如健康食品、文具店、书店等）可以为孩子提供健康的生活方式。

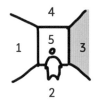

## 落地橱窗和阳台
提供自然监督的作用。透明的落地橱窗可以让里面停留的人群为街道提供"监督眼"的功能

## 扩大的玩耍场地
游戏场地、广场、小公园等设施会吸引人停留，从而起到监视街道和提供玩耍空间的作用

## 商业外摆和屋顶花园
商业外摆可以提升街道的活跃度，并提高人群停留的可能性，提高街道的安全度

## 地摊经济和临时展出
一些临街固定或临时摊位可以增加街道的吸引力，并让空旷的街道具有场所感

　　建筑面另一个重要的作用是利用首层空间进行**"开放"**和**"拓展"**。例如，临近街道的办公楼首层也应该作为公共空间，提供儿童玩耍和交往的空间；同时也可以利用外墙、建筑边缘、学校操场、公园广场等界面进行拓展。

### 避免过长外墙
过大的小区不利于街道界面的开放。如果出现较长外墙，可以利用彩绘进行装饰

### 保持较低外墙
采用较低的外墙可以提高街道的通透性，并增加自然监督的可能性

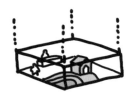

### 提升首层开放性
建筑首层提供的更多公共功能可以提升街道公共空间的连续性，并为儿童提供更多的游乐场所

### 处理建筑边缘
建筑边缘与街道保持一定的距离，可增大休息玩耍场所的面积，有利于街道保持活力

### 改善消极空间
对桥下、隧道等城市消极空间，可以采用增设运动场所、植物花园等方式进行改善

### 消解未利用空间
将地面停车场、荒地等空间充分利用起来，如增设体育运动的场地

### 借用学校操场
在非上课时间，学校可以作为公共空间供社区使用

### 增设街道节点
适当扩大街道和增设节点，提供街道玩耍和休息的机会。同时这些区域有来自周边小区的自然监督

# 第四个面：顶面

顶面的作用是**"连续"**。通过设置树木、风雨连廊或遮阳棚，一方面可以丰富街道的多样性，提升儿童行走的连续性和体验；另一方面可以提供全天候、多季节的行走保护，如夏季遮阳和雨天挡雨。

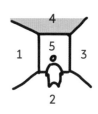

## 檐下灰空间

檐下的灰空间可以让街道行走更加舒适。屋檐可以起到一部分遮风、避雨、防晒的作用。这种过渡空间也可以让建筑立面和空间体验更加丰富

## 室外遮阳棚或连廊

遮阳棚或连廊有利于提升室外行走的体验，保障行人在多气候条件下的行走。即便是在暴晒或下雨的天气，孩子也可以在开放的街道中行走

## 树木遮蔽

树木的自然遮蔽虽然没有连廊那么有效，但却能提供接近自然的感受，孩子们可以在树荫下玩耍和行走。栽植的树木树冠应较高，以避免挡住汽车驾驶员的视线

## 檐廊或骑楼

在气候炎热的地区，可以设置檐廊或骑楼，以保证街道行人全天候的体验。檐廊可以和座位等结合，组成纳凉休息的场所

# 第五个面：视线面

视线面的功能是**"警示"**，通透、明亮、无死角的视野可以给儿童提供更多的安全感，即可以让他们更好地察觉到危险并提前做好准备。

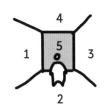

① 街道照明，避免出现暗角和过度照明

② 树木不遮挡前方视野，选择树冠较疏的树木种植

③ 明确易读的街道指示牌，引导孩子行走

**视线死角**

适当扩大十字路口的行人行走区域，可以避免出现视线死角，保障儿童的安全

**建筑间隙和小巷**

小巷之间应布置足够的活动区域和照明设施，防止出现可以藏匿罪犯和堆放垃圾的场所

**下沉广场、半地下室**

这些区域处在建筑阴影范围内，是具有不安全因素的场所，需要特别处理

**过多的灌木丛**

灌木丛等茂盛的植被也会引起不安全事件的发生和阻碍视线，因此，应避免出现过多过密的灌木丛

# 孩子的身高、脚程和体力

　　学龄前儿童的身高通常在 1.1m 以下，这个身高的孩子看到和经历的世界与成人所感受到的是不一样的。他们对汽车尾气、垃圾桶、辅路、公共设施和其他细节更加敏感。同时，因为他们的身高，汽车、行人往往会忽略他们，容易发生危险。

儿童处在大型汽车的视线盲区

汽车尾气的最大"受害者"是儿童

儿童常沿着路缘石行走，但却有着较大的危险性

需要设置符合儿童使用高度的方向指示牌

有儿童出没的街道，汽车需要控制车速

儿童喜欢攀爬，有垫脚的东西时可能会翻越栏杆

自行车、手推车应有专门的通道，避免与机动车冲突

可攀爬地形或街道家具应该和交通空间有一定的缓冲距离

过多的高墙分隔会制造危险且容易脏乱

应设有用于陪伴儿童看护人休息的座位

儿童经常席地而坐，提供大面积的草地可以让他们更好地休息

孩子玩耍很容易弄脏自己，设置符合儿童使用高度的水池，方便孩子清洗

# "一米高"的世界

儿童所探知的世界对儿童未来的发展至关重要。非结构化的游戏和与街道环境的日常互动，可以培养孩子的创造力。另外，儿童通过对环境逐步的了解可以获得自信心和个人身份认同感。因此，街道环境应该鼓励儿童参与到具有"求知""求乐""收获"的活动中来。

## 小喷泉和广场

宽阔的广场利于儿童进行各种活动。压力较小且由地面出水的小喷泉几乎是每个孩子最钟爱的广场游戏。孩子们可以在此尽情地参与亲水活动而不用担心危险

## 地面和矮墙

对于孩子来说，地面和矮墙也是他们的"画板"。市政可以提供让儿童进行艺术涂鸦的街道和墙体，以提高儿童的参与度和社区归属感

## 楼梯和洞口

孩子喜欢探索，尤其是进行攀爬和钻洞类的活动。因此需要保障楼梯和一些水泥洞口的安全性。可以专门设计一些儿童可以参与的探索游戏空间

## 矮书柜和互动乐器

方便儿童拿取和使用的书柜以及互动乐器可以鼓励孩子阅读或发现音符的奥秘。这些街道设施应设置在符合儿童使用的高度，便于吸引他们并进行互动

# 脚程和体力

　　与成年人相比，儿童走得较慢，且脚程范围也较小。在他们行走的过程中，需要设置可以停留和休息的地方。因此，城市需要有足够的休息空间，并鼓励儿童在当中进行社交互动，以及提升他们对使用街道和公共空间的兴趣。

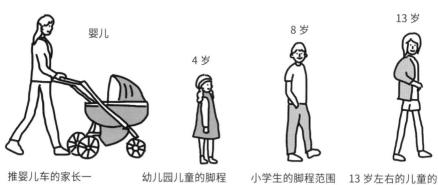

推婴儿车的家长一般在社区内活动

幼儿园儿童的脚程大约可以为 800m

小学生的脚程范围为 1~1.5km

13 岁左右的儿童的脚程范围为 2~3km

　　如果沿途有休息的场所，有利于儿童独立行走到更远的地方。可以在这些场所设置草坪、石头、树池、门槛、长凳以及桌凳组合。它们不仅可以缓解孩子的疲劳，还可以激发儿童与他人交流。

　　如果主动交通和公共交通的要道设计建造合理，孩子们可以采用跑步、骑行、搭乘公共交通的方式扩大活动范围，加深对城市整体的认识。

# 父母的陪伴

　　儿童往往有看护人陪伴，因此街道的宽度应该可以容纳孩子和他们的父母并排行走，并且更宽、配备更齐全的街道可以让孩子自发地和独立地玩耍。精心设计的街道也鼓励儿童与他人进行互动。

2.4~4.2m　　　　　　　　　2.4m

　　一个足够宽的人行道可以满足一家人手牵手并排行走的需要，这同时也可增进亲子关系。而随着家庭子女数变多，一个儿童友好的街道需要更宽阔的空间，以同时容纳多人步行和共同玩耍。同理，自行车道最好能让父母有陪伴孩子的空间。

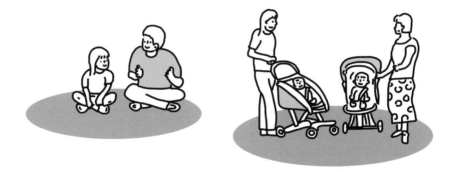

　　街道是重要的交流场所，在这里儿童不仅仅会和父母交流，还会遇到其他人。设计较为合理的街道可以促进这些社交活动的发生，并增强孩子与社会之间的联系。当然，婴儿也能在这种交流中受益，他们的父母在一旁交流育儿心得，而他们则可以通过观察其面部表情、手势和倾听声音提升有关社交沟通的认知。

# 路网密度

　　路网密度、街区大小影响着步行者的体验。过宽的道路会让儿童感到恐惧，并增加孩子们过街的困难度，不利于其连续行走。因此，合适的街区尺寸、慢行的车速有利于创造可持续性的儿童社区。

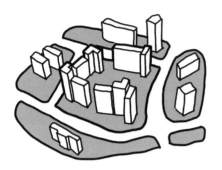

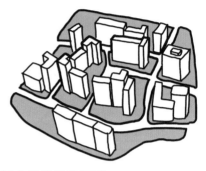

**过大的地块和街道**
小区地块过大会导致儿童需要绕行过远才能到达学校，增加通学时间。过宽的马路也会破坏人行体验的连续性

**较小的地块和街道**
较密的路网意味着以行人为主导，而较小的地块也意味着小区的围合面积较小，儿童行走和穿越更加容易，降低通学风险

　　对于青少年来说，每增加 1.5km，主动通勤的孩子就会降低 70% 左右。青少年离学校越远，他们走路或骑自行车的可能性就越小。生活在密度较大区域中的青少年比人口稀少区域的青少年有更高的积极通学的概率。

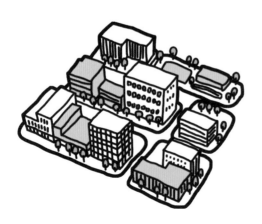

**混合型街区**
混合型街区意味着孩子们到达学校、公共设施、商店、社区公园等目的地的距离更短。混合型街区的设施分布应该均匀，以鼓励孩子们多采用步行、骑行等方式到达；除此之外，还应该增加相应的交通措施、优化路径、完善道路形式、增加道路的儿童停留区域、提供儿童应急措施

# 道路的连续性

　　道路的连续性可以有效提高儿童的步行主动性。道路连续也意味着儿童在街道上可以享受更多不间断、无障碍的步行体验。

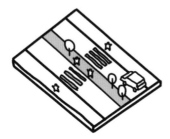

**增加中转区**

增加道路中间的中转带有利于避免儿童花过多时间穿过过宽马路

**缩短马路宽度**

缩短马路人行宽度，增设儿童出行指示牌以及地面限速标志

**设置共享车道**

通过地面铺装和指示牌提示机动车驾驶员已进入混合车道，应注意行人和降低车速

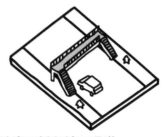

**注意天桥和地下通道**

天桥和地下通道虽然可以无缝连接，但需要注意应设置足够的夜间照明设施

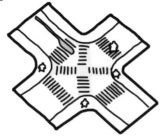

**采用斜线型人行横道**

斜线型人行横道和行人岛可以节省行人通过十字路口的时间

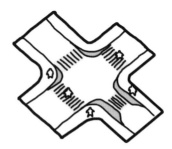

**扩大行人区域**

扩大行人行走的区域，可以降低车辆进入十字路口的速度，以及行人过马路的难度

# 4.3

# 城市配套设施

## 15 分钟生活圈

# 城市配套设施

对于儿童而言，互动最多的是家、学校、公园、街道和社区。这些场所应该配备较多的儿童公共设施和服务。对此，国内外都提出了"15分钟生活圈"的概念，即希望在15分钟的步行范围内（部分国家引用的是骑行的范围），设立便利店、药房、公立学校、公园等商业、文化、医疗、教育设施。

我国在2018年发布了《城市居住区规划设计标准》（GB 50180—2018），明确界定了"15分钟生活圈居住区"的含义，即按照居民基本生活需要的原则，在步行15分钟的距离内合理配置设施。2022年，住建部印发了《完整居住社区建设指南》，强调建好服务群众和城市管理的"最后一公里"，将"资源、服务、管理"放到社区。

另外，年龄友好的公共设施也逐渐被重视起来。例如，针对儿童和老年人需求的城市配套，既需要使其从社区获得更便利的日常生活所需，又需要提供适合他们的服务。和上班族不同，上班族更多是在下班之后才会去往便利店、餐厅等，但儿童和老人会有更多的日间活动，如超市、活动室、游乐设施、公园、社区医院、儿童护理、托儿所等。

当然，在打造不同的15分钟生活圈的城市里肯定也存在着问题区域，这些街道网络中断和不连续的地方被称为"行人阴影"。这种"行人阴影"会破坏行人的体验，比如大型工业地带。另外，许多组团也会出现简·雅各布斯所谓的"边境真空"，会不利于步行范围内服务的使用。因此需要减少这类灰色地带，或将一些不常用或专有的功能设置在这些区域。

除了城市基本的空间和政策配套，还需要建立一系列的儿童友好工作站，提供必要的支持、保护、救助、教育等，让未成年人可以更方便、快速地获得相应服务。这些设施应该因地制宜、功能健全、多方联动、集约高效。

# ■ 儿童路线的"一点多线三个圈"

　　城市配套生活圈需要从儿童的**需求和脚程**出发，在有限的城市空间里提供高品质和完善的儿童配套设施。以儿童的家作为**起点（"一点"）**，由**"多线"**辐射至**"三个圈"**。第一个圈是以儿童所在居住小区和街道为主的日常活动圈；第二个圈是儿童所在的 15 分钟社区生活圈，鼓励儿童独立探索；第三个圈是城市配套圈，需要儿童通过交通工具或成人陪伴前往。

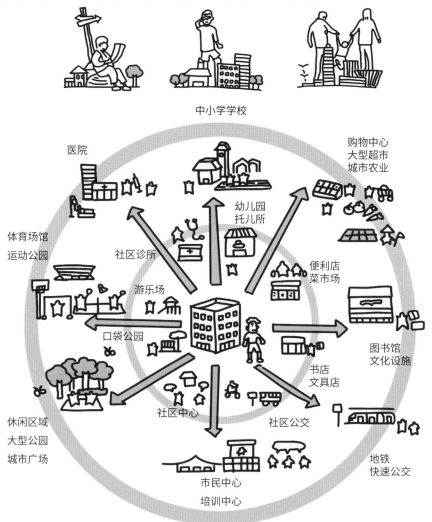

中小学学校

医院

购物中心
大型超市
城市农业

体育场馆
运动公园

社区诊所

幼儿园
托儿所

游乐场

便利店
菜市场

口袋公园

图书馆
文化设施

休闲区域
大型公园
城市广场

社区中心

书店
文具店

社区公交

地铁
快速公交

市民中心
培训中心

# 城市配套的问题

　　所有居民都应平等且容易地获得城市的基本服务。这也意味着城市的基础配套应该形成一定规模且均匀分布并持续更新和维护，或是转型和获取新的经济模式，除此之外，应进行适合自行车和步行的街道改造。而与之对应的，是城市配套服务分布、可达性、品质、安全、低碳、行人友好、平等、可负担等问题的解决。

**分布不均**

城市配套设施覆盖面不足，难以满足所有儿童的需求

**可达性较差**

步行可达性较差，儿童难以获得基础服务

**落后或品质差**

生活环境品质差或落后，难以提供健康的生活方式

**设施不安全**

缺乏维护或安全的户外空间，儿童安全受到影响

**街道不安全**

过于由汽车主导的城市交通，儿童难以独立出行

**难以负担**

生活水平过高，家庭难以负担生活成本

# 15 分钟城市

　　"15 分钟城市"的概念是指每个本地化社区都包含工作场所、住房、商店、餐馆、公园、学校、其他休闲娱乐场所以及便利设施等功能，且所有设施位于 15 分钟范围（步行或骑车）内。 15 分钟城市框架模型由四个特征进行描述：密度、接近度、多样性和数字化。混合度较高的城市空间有利于儿童就近获得各种服务，并获得低碳、健康的生活方式。

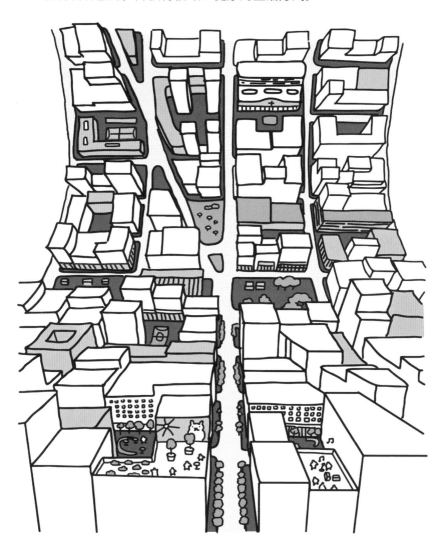

# 首层开放与共享

　　社区服务设施应具备便利性和复合性，降低家庭或儿童前往的时间成本。这些共享或综合设施可以促进不同年龄、背景的人进行交流，让家庭的日常消费和集体活动变得更加便捷高效。社区的许多空间如大学、机构、社区中心、办公场所的首层可以被开放为共享空间，提供给附近居民使用。

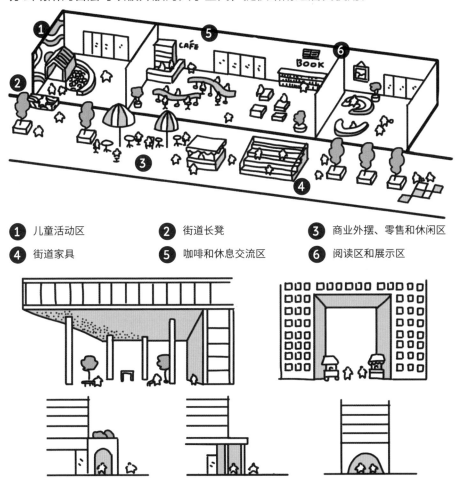

① 儿童活动区　　　② 街道长凳　　　③ 商业外摆、零售和休闲区

④ 街道家具　　　⑤ 咖啡和休息交流区　　　⑥ 阅读区和展示区

　　**将首层交还给市民**是公共和商业建筑设计所提倡的。这些有遮盖的公共空间可以遮风挡雨，因而可以为儿童提供更多的非正式休息和玩耍的场地。对于高层建筑来说，这也能缓解其本身的高大体量对城市街道的压迫感，提升人们的步行体验。

# ■ 儿童友好的城市环境

通常，研究儿童友好的城市环境要从城市到社区尺度，进行社会学和城市学的调研，即调研社区名称、社区人口、社区发展计划、人口密度、有孩子的区域、没孩子的区域、有孩子的家庭比例、儿童密度、当地居民平均年龄、家庭收入、居住价值、入学儿童的数量、课前课后活动的种类与数量、社区儿童设施及互动区域分布、孩子年龄组成及比例等。

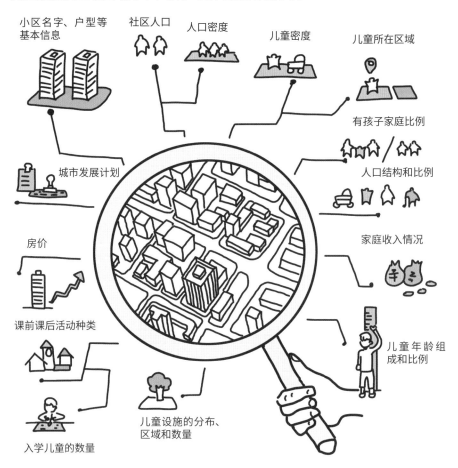

对儿童、家长等进行大规模问卷调查，可以更好地掌握各年龄段对城市设计的倾向。这一方面帮助城市设计者更好地进行友好社区建设；另一方面也鼓励民众参与到设计之中，增强他们的社区归属感。

# 城市配套的城市学调研

　　城市学调研涉及社区类型学，社区建筑类型分布，儿童教学配套（托儿所、幼儿园、小学），社区中心数量，平均住宅持有量，绿色空间数量、面积及质量分析（玩耍场地、运动场地、公园、草坪、私人院落、空地、农地、湿地、树林、城市景观及口袋公园等），街道尺度，路网分布，机动车持有量，车道分布及速度，人行道质量与人车分流状况，已设计和未设计区域状况等。

**街道**
街道尺度和分布、路网尺度、机动车持有量、人行道质量等

**社区类型**
社区建筑类型、住宅持有量、容积率、建筑密度等数据

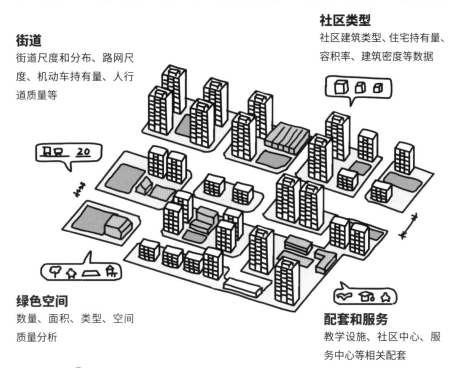

**绿色空间**
数量、面积、类型、空间质量分析

**配套和服务**
教学设施、社区中心、服务中心等相关配套

**优质的大型设施**
大型场所用途复合，具备一定的多功能性，能够提供高质量的场所服务

**普及的小型设施**
小型设施应该覆盖较广且分布均衡，提供多元化的基础服务

**公私合营**
既有公益性的公共场所，也有私人性的经营场所，并保障场所的升级和维护

# 整合的社区服务

　　社区服务应该具有足够的互动性，增强社区交流。同时，对于儿童来说，与其较为紧密的互动场所是离家较近的街道、公园、社区（居住区、学校、娱乐场所）。因此，设施配套应该具有吸引力和场所精神，鼓励孩子从一个兴趣点到另一个兴趣点的自由移动。

**城市农业**

温室花园、社区农业、果园等场所可以让孩子与自然互动，并提供健康食品

**生活集市**

生活集市提供多元化的杂货售卖，提升街道活力并为儿童提供丰富的城市体验

**城市花园**

为儿童提供丰富的宠物空间和自然场所，鼓励儿童自由、独立地进行游戏

**小小放映室**

丰富多彩的儿童剧目播放，可拓展儿童的知识面，同时给儿童带来多样的快乐

**诊所**

定期的健康宣讲可以帮助家长和儿童更好地预防疾病

**传统文化场所**

让儿童体会中国传统文化，将传统美学和历史文化相结合，寓教于乐

**文化剧场**

文化设施，让儿童有机会参与或欣赏戏剧演出，习得文学和历史知识，并充分发挥他们的想象力

**阅读空间**

共享自习室、书店、图书馆，还提供展览、画廊等艺术文化交流活动，增长儿童各方面的知识

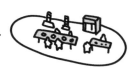

**烘焙坊**

公共厨房和烘焙工作坊，让孩子可以和父母一起制作美食，培养良好的亲子关系

# 儿童友好城市配套的建设

建设儿童友好城市配套，需要从**城市空间、基础服务、政策支持**三个方面综合考虑。拓展的城市服务意味着好的公共空间、家长辅导、社会支持、政策扶持、数据导向和活动性。

**城市空间**

提供儿童游乐休闲、运动锻炼、接触自然、感受文化故事、自主学习、与同龄人相遇相识的城市空间

**基础服务**

提供早期教育、托儿育儿、学习成长、家庭活动、咨询辅导、日常生活需求、安全街道、卫生设施等公共服务

**政策支持**

提供儿童参与、儿童保护、数据收集和分析、相关人员培训、专项工作、儿童经济等各类政策支持

# 参考文献

[1] 联合国儿童基金会. 儿童友好型城市规划手册 [EB/OL]. UNICEF，2019. https://www.unicef.cn/reports/shaping-urbanization-children.

[2] 联合国儿童基金会. 构建儿童友好型城市和社区手册 [EB/OL]. UNICEF，2019. https://www.unicef.cn/reports/cfci-handbook.

[3] E.E. Maccoby. The Two Sexes：Growing up Apart，Coming Together[J]. Contemporary Sociology，1998，28（4）：422.

[4] Jane Jacobs. The Death and Life of Great American Cities：The Failure of Town Planning[M]. London：Penguin Books，1984.

[5] M.H. Matthews. Making Sense of Place：Children's Understanding of Large-Scale Environments [M]. New York：Harvester Wheatsheaf，1992.

[6] Robin C. Moore. Childhood's Domain：Play and Place in Child Development [M]. London：Routledge. 2017.

[7] 卞一之，朱文一. 《基于儿童成长的新型垂直社区计划》——多伦多市城市设计导则草案解读 [J]. 城市设计，2019（2）：50-63.

[8] Clare Cooper Marcus，Carolyn Francis. People Places：Design Guidelines for Urban Open Space（2nd Edition）[M]. Hoboken：John Wiley & Sons，1997.

[9] Natalia Krysiak. Where do the Children Play? Designing Child-Friendly Compact Cities [R]. 2018.

[10] 中华人民共和国住房和城乡建设部. 民用建筑设计统一标准：GB 50352—2019 [S]. 北京：中国建筑工业出版社，2019.